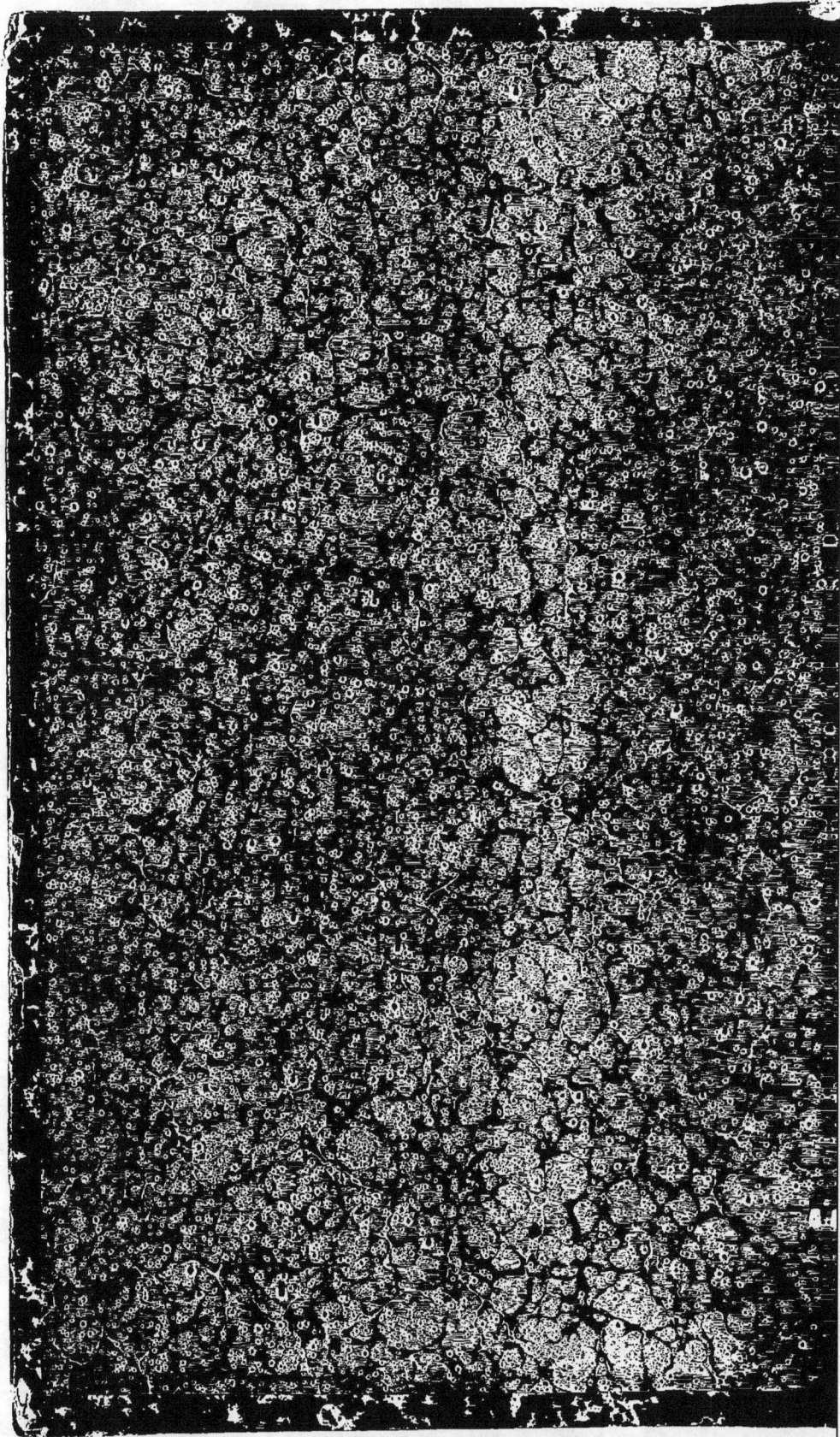

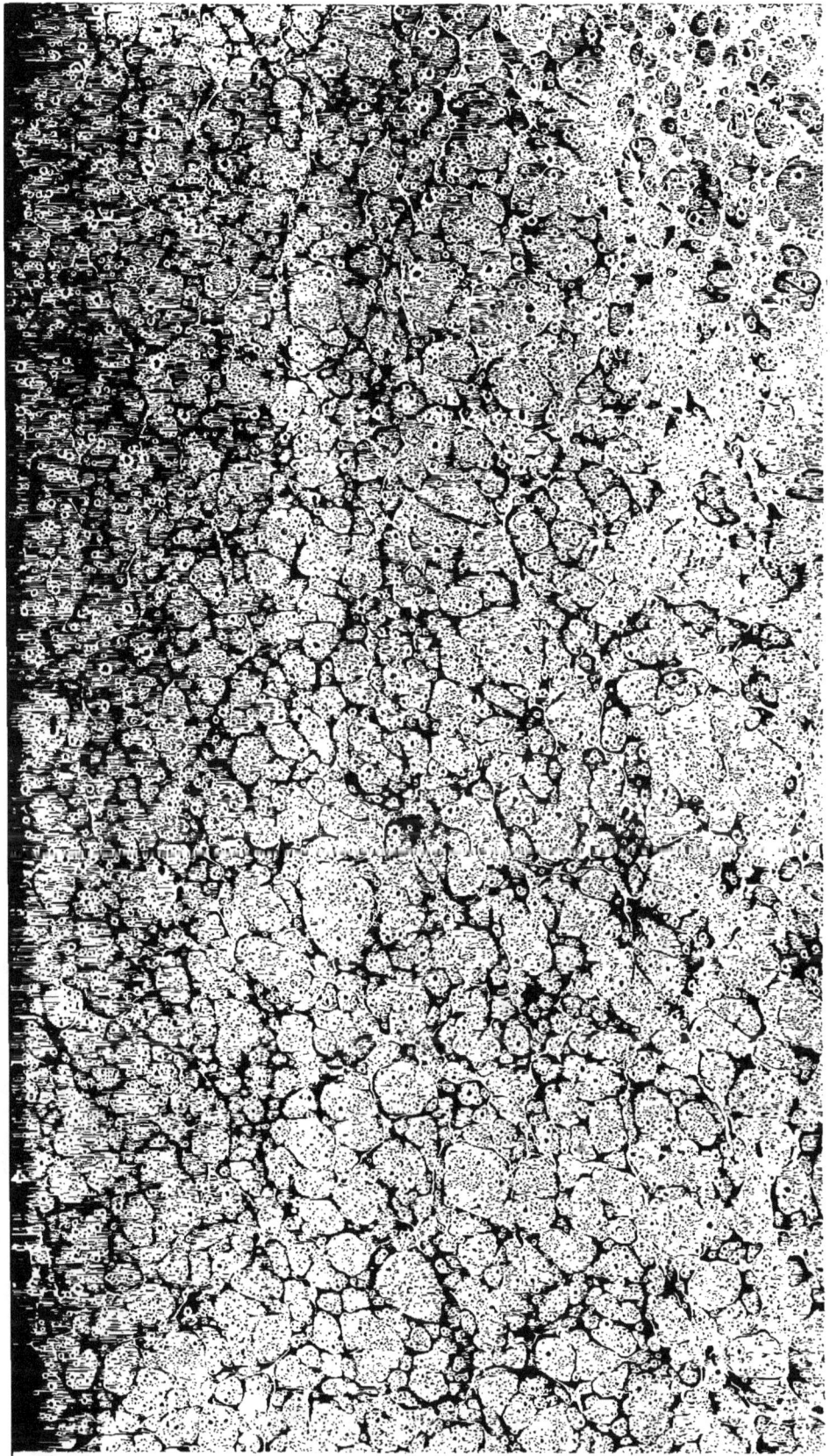

MANUEL PRATIQUE

DE LA

CULTURE MARAICHÈRE

DE PARIS.

Les contrefacteurs seront poursuivis selon toute la rigueur des lois.

Moreau et Daverne,

jardiniers-maraichers, à Paris.

Imprimerie de Mme Ve BOUCHARD-HUZARD, rue de l'Éperon, 7.

MANUEL PRATIQUE

DE

LA CULTURE MARAICHÈRE

DE PARIS,

PAR J. G. MOREAU ET J. J. DAVERNE,

JARDINIERS-MARAICHERS A PARIS.

> Travaillez, prenez de la peine,
> C'est le fonds qui manque le moins.
> LA FONTAINE.

OUVRAGE

COURONNÉ DE LA GRANDE MÉDAILLE D'OR DE 1,000 FR.

PAR LA SOCIÉTÉ ROYALE ET CENTRALE

D'AGRICULTURE.

PARIS,

CHEZ Mme Ve BOUCHARD-HUZARD, IMPRIMEUR,

LIBRAIRE DE LA SOCIÉTÉ,

rue de l'Éperon-Saint-André, n° 7.

1845.

PRÉFACE.

La Société royale et centrale d'agriculture de la Seine a toujours porté un grand intérêt à la culture maraîchère de Paris : dès 1810, elle avait ouvert un concours pour la composition d'un manuel pratique de cette culture, afin d'en répandre la connaissance en dehors de la capitale, dans l'enceinte de laquelle elle est à peu près concentrée ; et, quoique ce concours fût resté ouvert pendant dix années, aucun concurrent ne s'est présenté.

En 1842, la Société royale a renouvelé ses instances, par l'organe de M. le vicomte Héricart de Thury, en séance générale présidée par M. le ministre de l'agriculture et du commerce ; l'honorable et savant orateur a si bien fait sentir l'utilité et l'importance de la culture maraîchère, que M. le ministre a, séance tenante, fondé un prix pour être décerné, en 1843, à celui qui ferait le meilleur *Traité de la culture maraîchère de Paris*, en se conformant au programme que la Société d'agriculture rédigerait à cet effet.

Encouragés par quelques amis, nous nous mîmes sur les rangs. Notre premier travail n'a pas rempli complétement les conditions imposées par le programme ; cependant nous reçûmes la grande médaille d'argent, avec l'invitation pressante de nous représenter au même concours l'année suivante. Flattés de cette première distinction, nous revîmes notre manuscrit, le renvoyâmes au concours, et nous eûmes l'honneur de le voir couronner de la grande médaille d'or de 1,000 francs, en séance solennelle, le 14 avril 1844.

La Société royale et centrale d'agriculture ne s'en

est pas tenue à cette marque déjà très-flatteuse pour nous, elle a encore arrêté que notre ouvrage serait imprimé à ses frais dans ses *Mémoires*, et nous a autorisés à en faire tirer le nombre d'exemplaires que nous jugerions convenable; ce sont ces exemplaires que nous offrons aujourd'hui au public.

Maintenant nous allons exposer les difficultés que nous avons dû éprouver pour composer cet ouvrage, le plan que nous avons suivi et le but que nous nous sommes proposé.

D'abord nous rappellerons que la culture maraîchère ne s'est jamais apprise ni perfectionnée que par la pratique, et que jamais aucun jardinier-maraîcher n'avait écrit sur cette culture avant nous. Notre première assertion ne peut recevoir aucune objection; la seconde peut être expliquée par deux raisons que nous allons tâcher de mettre en évidence.

La culture maraîchère, telle qu'elle s'exerce à Paris, ne laisse jamais aucun loisir à celui qui la pratique s'il veut en vivre honorablement; et, quand l'idée lui vient de transmettre ses connaissances aux autres par le moyen de la presse, sa famille, ses cultures lui montrent assez qu'il n'a pas de temps suffisant à sacrifier à cet objet.

Mais, en supposant que cette première difficulté ne soit pas insurmontable, en voici une seconde non moins grande. Les jardiniers-maraîchers, ne recevant généralement que les premiers éléments de l'instruction, sont effrayés de la distance qu'ils supposent exister entre leurs connaissances et celles de l'homme lettré qui sait communiquer ses pensées par la presse, et ils croient qu'il faut absolument franchir cette distance pour oser se faire imprimer. Nous avons été longtemps arrêtés par cette idée, et si des amis ne nous eussent pas souvent répété : « Travaillez, prenez de la peine ; « apprenez à exercer votre intelligence comme vous « savez exercer vos bras, et en peu de temps vous « saurez expliquer votre pensée vous-même ; » si, disons-nous, des amis ne nous eussent pas encouragés de cette manière, nous aurions continué de nous taire comme se taisent nos confrères.

Nous ne prétendons pas être arrrivés à une pureté remarquable, à un style irréprochable ; mais enfin nous croyons pouvoir être lus et compris. D'ailleurs, la Société royale et centrale d'agriculture ayant bien voulu nous faire connaître qu'elle tenait plus au fond qu'à la forme, nous espérons que le public aura la même indulgence.

Quant au plan de notre ouvrage, il nous avait été tracé par le programme de la Société royale d'agriculture, et nous l'avons suivi le plus exactement qu'il nous a été possible. Ce programme demandait *positivement* un manuel pratique de la culture maraîchère telle que nous la pratiquons dans l'enceinte de Paris, parce que ses procédés, son but et ses résultats, très-différents de ceux de la culture potagère, n'avaient jamais. été publiés.

Quant au but de notre ouvrage, il était fondé sur plusieurs raisons que nous allons faire connaître. D'abord nous partagions avec la Société royale d'agriculture le désir qu'un manuel pratique de la culture maraîchère de Paris fût fait et publié ; car, si ceux qui ont écrit sur la culture potagère nous ont emprunté quelques procédés, ils ne les ont jamais rendus avec la précision et tous les détails que les maraîchers seuls connaissent; et puis, quand on convient généralement que cette culture ne peut être convenablement décrite que par des maraîchers praticiens, on nous pardonnera peut-être d'avoir osé tenter de mettre cette partie importante de l'horticulture au niveau de ses autres branches.

A la vue des chemins de fer qui s'établissent de toute part, à la vue des efforts de l'industrie pour obtenir de la chaleur au meilleur marché possible, il est facile de prévoir que la culture maraîchère de Paris est à la veille de recevoir des modifications, et nous avons cru utile de décrire cette culture telle qu'elle se pratique à Paris en 1844, afin que par la suite on pût mieux juger et apprécier les changements qu'elle pourra subir.

Nous rappelant aussi combien longue est l'expérience, combien il faut d'années à un maraîcher pour acquérir des connaissances solides dans sa profession, nous avons cru abréger le temps d'étude à nos enfants et aux jeunes jardiniers-maraîchers , en leur laissant le fruit de notre pratique et de nos expériences répétées pendant un grand nombre d'années.

Enfin , si notre ouvrage ne répond pas à notre espérance , s'il n'est pas jugé avec l'indulgence que sont en droit de réclamer de simples jardiniers-maraîchers , il nous restera toujours la satisfaction d'avoir les premiers répondu à l'appel de la Société royale et centrale d'agriculture , et l'honneur d'avoir mérité son suffrage.

J. G. MOREAU,

JARDINIER-MARAICHER ,

rue de Charonne , 80.

J. J. DAVERNE ,

JARDINIER-MARAICHER ,

rue de la Chapelle , 10 , à la Villette.

TABLE DES MATIÈRES

CONTENUES

DANS CE VOLUME.

OCTOBRE.

**

MAI.

JUIN.

JUILLET.

CHAPITRE XI.

CHAPITRE XII.

CHAPITRE XIII.

LISTE,

PAR ORDRE ALPHABÉTIQUE,

DES LÉGUMES

cultives dans la culture maraîchère et de quelques-uns qui n'y sont plus cultivés.

E.

F.

MANUEL PRATIQUE

DE LA

CULTURE MARAICHÈRE

DE PARIS.

———⊰◦◦◦⊱———

CHAPITRE PREMIER.

Histoire sommaire de la culture maraîchère à Paris, depuis cinquante ou soixante ans.

Il serait désirable, sans doute, de nous voir commencer cet ouvrage par des recherches sur l'origine de la culture maraîchère à Paris, de nous voir suivre et expliquer ses progrès successifs depuis son commencement jusqu'à nos jours; mais une telle recherche n'est pas en notre pouvoir; nous n'avons ni le temps, ni le moyen de nous élever au delà de mémoire d'homme, et nous ne pouvons ni ne voulons dire ici autre chose que ce que nous avons vu et faisons nous-mêmes.

Il est généralement connu que, toutes les fois

1

qu'on a reculé l'enceinte de Paris, les jardiniers-
maraîchers ont été obligés de se reculer aussi pour
faire place à de nouvelles bâtisses, et que ce dé-
placement leur était toujours onéreux, en ce qu'ils
quittaient un terrain amélioré de longue main
pour aller s'établir sur un nouveau sol, souvent
rebelle à leur culture, et qui ne pouvait être amélioré qu'avec le temps et de grandes dépenses.
Plusieurs d'entre nous se rappellent que, vers la
fin du siècle dernier, lorsqu'on a reporté le mur
d'enceinte où sont aujourd'hui les barrières de
l'octroi, beaucoup de maraîchers sont allés s'éta--
blir au delà des nouvelles barrières, parce que le
prix des terrains circonscrits a de suite considérablement augmenté. Plus tard, lors de l'établissement du canal Saint-Martin, un assez grand
nombre de maraîchers furent encore obligés d'aller
s'établir plus loin pour laisser la place aux nouvelles constructions. Jusqu'en 1780, on voyait des
jardins maraîchers le long du boulevard, depuis
la porte Saint-Antoine, aujourd'hui place de la
colonne de Juillet, jusque près de la Madeleine;
depuis longtemps on n'y en voit plus aucun. Le
trentième quartier de Paris s'appelait alors le
Pont-aux-Choux, tant les marais y étaient nombreux. Enfin, jusqu'à la révolution de 89, les jardiniers-maraîchers ont conservé l'usage d'appeler
leur jardin marais; mais depuis lors la plupart
disent leur jardin, parce qu'en effet ces jardins ne
ressemblent plus aux marais dans lesquels les pre-

miers maraîchers s'étaient établis, d'où le nom de
maraîchers que leurs successeurs portent toujours.

Il conviendrait à présent de jeter les yeux en
arrière pour savoir quels étaient nos aïeux et en
quel état était la profession de jardinier-maraîcher entre leurs mains ; mais les maraîchers ne
connaissent d'autre chronique que la tradition
qui se transmet oralement parmi eux, et leurs
souvenirs ne remontent guère au delà de deux ou
trois générations. Nous ne pouvons donc remonter
nous-mêmes au delà d'une soixantaine d'années
dans le temps qui a précédé celui dans lequel nous
vivons, à moins de nous rendre l'écho de ce qu'ont
écrit les autres, chose que nous éviterons toujours.

D'après le témoignage de nos plus anciens confrères, il résulte que, il y a 60 ou 80 ans, la culture
maraîchère était beaucoup moins perfectionnée
qu'aujourd'hui ; que l'on faisait moins de *saisons*
dans une année ; que l'art des primeurs était encore dans l'enfance ; que les plus habiles maraîchers n'avaient encore que des cloches, et en petit
nombre, pour avancer leurs légumes et surtout
pour élever une sorte de melon brodé, la seule
qu'ils connussent alors, et qui aujourd'hui porte
encore le nom de melon maraîcher. Ce n'est pas
qu'à cette époque l'art des primeurs et l'emploi des
châssis fussent ignorés à Paris ; depuis longtemps
l'un et l'autre étaient en progrès dans les jardins
royaux et chez plusieurs grands seigneurs ; mais

ils n'avaient pas encore pénétré dans la culture maraîchère, lorsqu'en 1780, un jardinier maraîcher nommé Fournier fit le premier usage de châssis dans sa culture avec un succès si prononcé pour obtenir des primeurs beaucoup plus tôt qu'auparavant, qu'un grand nombre de ses confrères l'imitèrent et en obtinrent de suite de grands avantages. L'usage et la manœuvre des châssis devinrent une branche importante de la culture maraîchère, et c'est de cette époque que le terme *culture forcée* est devenu familier parmi nous.

Le même Fournier qui a introduit les châssis dans la culture maraîchère, en 1780, y a aussi introduit, quelques années après, la culture du melon cantaloup; il est aussi le premier maraîcher qui ait cultivé la patate.

Le premier qui a forcé l'asperge blanche était un nommé Quentin, vers 1792.

L'asperge verte a commencé à être forcée par le même et par son beau-frère, nommé Marie, vers 1800.

Celui qui le premier a forcé le chou-fleur est le nommé Besnard, vers 1811.

Les premières romaines forcées l'ont été par MM. Dulac et Chemin, vers 1812.

La chicorée fine d'Italie a commencé à être forcée à la même époque, par Baptiste Quentin.

Parmi les jardiniers-maraîchers de notre époque, ce sont les frères Quentin, Fanfan et Baptiste, ainsi que M. Dulac, qui les premiers ont traité le haricot en culture forcée, en 1814.

La culture forcée de la carotte a eu lieu pour la première fois en 1826 ; elle est due à M. Pierre Gros.

En 1836, M. Gontier a le premier fait usage du thermosiphon dans la culture forcée sous châssis.

Nous venons de nommer cinq maraîchers de notre époque, parce qu'ils ont enrichi la culture maraîchère par des procédés nouveaux, et que la reconnaissance demande que leurs noms ne soient pas plus oubliés que ceux que nous avons nommés auparavant. Nous voudrions bien nommer aussi ceux de nos confrères qui se distinguent par la perfection de leur culture, par l'étendue de leur exploitation, par leur activité, leur adresse, leur bonne administration, mais le nombre en serait trop grand ; d'ailleurs, en faisant ressortir le mérite d'une partie de nos confrères et en passant l'autre sous silence, cela paraîtrait de notre part une partialité dont nous ne voulons pas qu'on nous accuse ; mais nous dirons avec plaisir, avec orgueil même, qu'il y a dans la classe maraîchère plus de capacité, plus d'intelligence qu'on ne le croit généralement dans les autres classes.

Voilà tout ce que nous pouvons dire de la culture maraîchère des temps qui nous ont précédés, et de ses progrès jusqu'en 1844. Ce sont des faits certains, dont plusieurs se sont accomplis sous nos yeux et desquels nous profitons aujourd'hui.

CHAPITRE II.

Art. 1er. — *Statistique horticole.*

Notre ouvrage étant particulièrement destiné à
nos enfants, aux jeunes jardiniers-maraîchers,
nous devons leur donner la signification des mots
qui ne s'apprennent pas dans notre pratique, et le
mot *statistique* est de ce nombre. Ainsi, nous leur
disons que le mot statistique signifie l'étendue
d'un pays, d'un endroit, son climat, ses divers produits, son commerce, sa population florissante ou
souffrante, sa richesse, l'argent qu'elle dépense et
celui qu'elle gagne, etc. C'est donc en faisant l'énumération de ces différents rapports que nous allons donner une idée de la statistique de la classe
des jardiniers-maraîchers, exerçant leur profession
actuellement dans la nouvelle enceinte de Paris.

1° Nous avons trouvé, par un calcul très-
approximatif, que l'ensemble des terrains employés à la culture maraîchère, dans la nouvelle enceinte de Paris, est maintenant d'environ
1,378 hectares.

2° Ces terrains sont divisés en 1,800 marais ou
jardins; les plus grands contiennent environ 1 hectare, et les plus petits environ 1 demi-hectare;
mais le plus grand nombre des jardins maraîchers
contiennent trois quarts d'hectare, parce que cette
quantité de terrain est le plus en rapport avec la

bonne administration et la surveillance d'un seul chef.

3° De ce qu'il y a 1,800 jardins maraîchers dans les terrains compris dans la nouvelle enceinte de Paris, il s'ensuit qu'il y a aussi 1,800 jardiniers-maraîchers maîtres, pour les faire valoir. De ces maîtres, les uns sont propriétaires et les autres locataires; mais cette différence n'ayant aucun rapport avec la capacité et la moralité, nous ne devons pas nous en occuper.

4° Quant au personnel de chaque établissement, il est assez difficile de le fixer rigoureusement : d'abord, parce que tous les jardins n'ont pas la même contenance; que l'exploitation des uns offre des difficultés qui ne se rencontrent pas dans les autres; parce que certains maraîchers ont une manière de travailler, de calculer et d'administrer que n'ont pas les autres, ce qui peut augmenter ou diminuer le nombre de bras nécessaire à l'exploitation. Il y a à calculer la force des enfants du maître, et voir si le travail d'un, deux, trois et quatre enfants peut équivaloir au travail d'un ou de deux hommes; enfin les saisons contraires ou favorables diminuent ou augmentent le nombre d'ouvriers surnuméraires.

Cependant, d'après notre propre et longue expérience, nous pouvons dire, avec assez de certitude, que, pour cultiver un jardin de 1 hectare, où l'on fait des primeurs et de la pleine terre, il faut, en tout temps, un personnel de cinq ou six personnes, composé du maître et de la maîtresse, une fille à gages, un garçon à gages s'il y a des enfants en état de travailler, ou, à leur défaut, deux garçons à gages et souvent un ou deux hommes à la journée.

Les personnes à gages sont couchées à la maison et nourries à la table du maître. La fille à gages est payée en raison de sa force, de son intelligence et de son savoir; le terme moyen de ses gages peut être fixé à 240 fr. par an. Les garçons jardiniers-maraîchers sont payés au mois, et le prix n'est pas le même en été qu'en hiver. D'octobre en mars, un garçon gagne de 18 à 20 fr. par mois et 2 fr. de gratification par dimanche; d'avril en septembre, il gagne de 30 à 32 fr. par mois et de 2 fr. à 2 fr. 50 c. de gratification par chaque dimanche.

Ce personnel ne suffit pas toujours : dans les grandes et longues sécheresses de l'été, par exemple, il faut mouiller extraordinairement pour conserver la marchandise tendre, l'empêcher de durcir ou de monter; dans ce cas, le maître maraîcher prend à la journée un ou plusieurs hommes qu'il nourrit et à chacun desquels il donne 2 fr. par jour. Si ce sont des femmes, il leur donne 1 fr. et la nourriture.

Il y a 9,000 personnes employées à la culture maraîchère dans la nouvelle enceinte de Paris.

Dans ce nombre, les maîtres et les maîtresses entrent pour. 3,600

A reporter. 3,600

Report.	3,600
Les enfants, dont le travail est évalué à celui de 1,500 hommes, ci	1,500
Les hommes et les femmes à gages. . .	3,900
TOTAL. . . .	9,000

Il va sans dire que tous les garçons maraîchers, tous les hommes à la journée ne connaissent pas également le métier et ne sont pas tous doués de la même intelligence ni de la même activité. Le maître reconnaît promptement ce dont chacun est capable, et l'emploie selon ses facultés. Plusieurs de ces garçons maraîchers sont des jeunes gens de province, qui viennent à Paris pour apprendre ou se perfectionner; et, que cela soit vrai ou faux, il est certain que l'on tient pour vrai, dans la classe maraîchère, que certaines provinces fournissent de meilleurs ouvriers que d'autres; aussi, quand un maraîcher embauche un garçon, il ne manque pas de s'informer de quel pays il est.

Jusqu'à présent, la police n'a pas encore obligé les garçons maraîchers à se nantir de livret; mais les maîtres exigent d'eux des preuves de bonne conduite qui en tiennent lieu. En général, cette classe d'ouvriers est fort paisible, et il est très-rare qu'elle donne sujet à quelques plaintes.

5° Ce qui prouve que les jardiniers-maraîchers ont suivi le progrès du bien-être qui s'est développé dans les classes travaillantes, c'est qu'ils oc-

cupent beaucoup plus de chevaux qu'autrefois :
les 1,800 maraîchers existants dans la nouvelle
enceinte de Paris possèdent au moins 1,700 chevaux, qui dépensent, en moyenne, pour leur nourriture, chacun 2 fr. 50 par jour. De ces 1,700 chevaux, 1,300 sont conservés toute l'année et 400
sont vendus à l'entrée de l'hiver, quand on n'en
a plus besoin pour tirer de l'eau. Les 1,300 chevaux dont les maraîchers ne peuvent se passer
coûtent d'achat de 500 à 800 fr., ou, terme moyen,
650 fr. chaque. Ces chevaux sont employés à mener les légumes à la halle, de grand matin, et, en
revenant, ils ramènent une voiture de fumier :
quelquefois ils retournent en chercher plusieurs
voitures dans la même journée; et, dans l'été,
ils sont occupés, plusieurs heures par jour, à
tirer de l'eau au puits, au moyen d'un manége
ou d'une pompe à engrenage, dont nous donne-
rons les descriptions plus tard; mais nous dirons
de suite qu'un manége et ses accessoires coûtent
de 4 à 500 fr. Quant aux pompes à engrenage, il
n'y en a encore qu'un petit nombre d'établies dans
les jardins des maraîchers de Paris, et leur prix varie en raison de leur perfection, de leur complica-
tion et de la profondeur des puits. Pour un puits
de 10 mètres de profondeur, une pompe à engrenage coûte de 1,500 à 1,600 fr.; mais il y en a qui
coûtent jusqu'à 2,600 fr.

Les 400 chevaux dont nous avons parlé plus
haut sont d'une moindre valeur que les autres,

parce que ceux des maraîchers qui les achètent ne s'en servent que pendant environ six mois d'été, et les revendent ensuite ; leur prix est de 150 à 200 fr., ou, terme moyen, 175 fr. chaque. Ils servent de même à mener les légumes à la halle, ramener du fumier et tirer de l'eau.

Si maintenant nous calculons ce que coûtent les 1,700 chevaux employés dans la culture maraîchère dans la nouvelle enceinte de Paris, nous trouvons que 1,300 chevaux, à 650 fr. l'un, font la somme de. . . . . 845,000 fr.

Que 400 chevaux, à 175 fr. l'un,

font. 70,000 fr.

TOTAL. . . . . 915,000 fr.

Si ensuite nous calculons la nourriture de ces chevaux à 2 fr. 50 c. par jour, nous trouvons que 1,300 chevaux coûtent par an. . . 1,186,250 fr.

Que 400 chevaux coûtent, pour

six mois de nourriture, plus de. . 182,000 fr.

TOTAL. . . . . 1,368,250 fr.

6° Beaucoup de circonstances donnent des valeurs différentes aux terres propres à la culture maraîchère dans Paris. Tous les jours quelques maraîchers s'éloignent du centre de la capitale, parce que de nouvelles bâtisses, de nouvelles fabriques, de nouveaux magasins se forment continuellement, s'emparent des terrains et les rendent d'un prix supérieur à celui que peut y mettre le cultivateur : il arrive aussi quelquefois que celui-ci trouve du bénéfice à vendre son terrain et à aller s'établir plus loin, quelquefois encore il est obligé de s'éloigner pour cause d'*utilité publique*. Un marais qui se trouve sur une rue, sur un chemin pavé, a plus de prix que celui qui se trouve au fond d'une ruelle non pavée ou sujet à quelque servitude; celui qui est bien enclos de murs a aussi plus de valeur que celui qui est mal ou point fermé. Cependant nous allons donner un aperçu de la valeur actuelle des terres propres à la culture maraîchère dans Paris.

Les terrains compris entre le boulevard et le mur d'octroi valaient, il y a une vingtaine d'années, de 20 à 22,000 fr. l'hectare; aujourd'hui ces terrains n'ont plus de prix. Sur les bords du canal Saint-Martin, et autres endroits où le commerce s'est porté, l'hectare se vend 80 ou 100,000 fr.

Ceux situés entre le mur d'octroi et la nouvelle enceinte peuvent se diviser en deux catégories : les premiers sont ceux qui, depuis longtemps cultivés en marais, sont réputés d'une bonne nature de terre, enclos de murs et à proximité d'une rue pavée, ceux-là valent aujourd'hui de 28 à 30,000 fr. l'hectare; les seconds sont ceux qui se trouvent sur le derrière, qui n'ont pas de communication facile avec une rue pavée, ceux-ci se vendent de 16 à 20,000 fr. l'hectare clos de murs, compris le logement.

7° Quant au prix du loyer d'un hectare de terrain consacré à la culture maraîchère, il y en a de deux sortes. Quand le terrain est de la première qualité, il se loue de 12 à 1,300 fr. l'hectare, y compris le logement du jardinier ; quand il est de seconde qualité, l'hectare se loue de 8 à 900 fr. Outre le loyer, le maraîcher locataire paye encore l'impôt personnel et les portes et fenêtres.

8° Le nombre de panneaux de châssis employés dans la culture maraîchère, dans la nouvelle enceinte de Paris, est évalué à. 360,000

Le nombre de cloches est évalué à.. 2,160,000

9° Dans un marais employé en culture maraîchère depuis quelque temps, les engrais et matières fertilisantes se trouvent dans les débris du fumier qui a servi à faire les couches et les paillis : ainsi, en calculant ce que nos châssis et nos cloches usent de fumier, le prix de l'engrais sera une partie du prix du fumier. Un panneau de châssis use par an, terme moyen, pour 4 fr. de fumier ; c'est donc quatre fois 360,000 ou. . . . 1,440,000 fr.

Pour occuper 2,160,000 cloches, il faut du fumier pour. . . . . . . 270,000 fr.

Pour le fumier à faire des cham-pignons.. . . . . 100,000 fr.

TOTAL de dépense pour fumier et engrais. . . . . 1.810.000 fr.

10° Quant à la somme annuellement dépensée

pour la culture maraîchère dans la nouvelle enceinte de Paris, il ne nous est pas possible de la
donner avec une approximation plausible.

11° S'il ne nous est pas possible, par plusieurs raisons, de donner le chiffre de la dépense de la culture maraîchère dans Paris, nous pouvons donner
très-approximativement le chiffre de ses recettes.
Pendant longtemps nous nous sommes occupés de
cet objet pour les diverses saisons de l'année,
bonnes et mauvaises, ainsi que des produits de la
culture en pleine terre et de la culture forcée, et
nous pouvons affirmer que l'ensemble des recettes
de la vente des légumes des maraîchers dans la
nouvelle enceinte de Paris s'élève au chiffre d'environ 13,500,000 fr. par an.

ART. 2. — *Économie horticole.*

Par le titre économie, nous entendons le rapport qui doit avoir lieu entre les dépenses et les recettes, de manière que les dernières soient toujours
plus grandes que les premières. Mais, s'il est facile d'établir ce rapport pour quelques établissements maraîchers, il est extrêmement difficile de
l'établir pour l'ensemble des 1,800 maraîchers de
Paris; car, quoique chacun de nous croie faire
pour le mieux, un cas imprévu peut renverser
tous nos calculs et rendre la dépense plus grande
que la recette; et cela arrive malheureusement de

temps en temps, et quelquefois plusieurs années
de suite; et puis il faudrait aller prendre connaissance de l'état des affaires de chaque maraîcher,
chose que nous ne devons ni ne pouvons faire; cependant notre position au milieu de nos confrères nous
met à même d'approcher de la vérité de plus près
que tout autre, et c'est ce que nous allons essayer
de faire dans les paragraphes suivants.

1° Pour cultiver 1 hectare de terre converti en
marais depuis une dizaine d'années ou plus, et
lorsqu'on n'y fait que des légumes de pleine terre,
quatre personnes suffisent pendant huit mois de
l'année; mais, de mai en août, il en faut deux de
plus. On sent bien que, si on s'établissait dans un
terrain neuf, en friche, pierreux, il faudrait plus
de monde, jusqu'à ce que la terre fût ameublie et
facile à travailler. Quant à la quantité de bras qu'il
faut pour cultiver 1 hectare en culture de pleine
terre et de primeur, nous l'avons déjà dit, page 7,
paragraphe 4.

2° Ici, d'après l'ordre du programme, nous
avons à établir ce qu'il en coûte d'engrais chaque
année pour cultiver 1 hectare de terrain en légumes de pleine terre, et 1 hectare de la manière la
plus complexe, c'est-à-dire en culture de primeurs et en culture de pleine terre. Comme la
question est double, nous allons d'abord la diviser.

Nous venons de dire que, quand un jardinier-
maraîcher s'établit sur un terrain neuf qui n'a pas
encore été cultivé en marais, il lui faut quelques

années pour en rendre la terre meuble et facile à
cultiver. Pendant ces quelques premières années,
les engrais nécessaires pour rendre la terre fertile
peuvent être considérables. Si la terre est trop
sableuse, il lui faut un engrais gras, tel que le
fumier de vache; si elle est trop forte, il lui faut
un engrais plus léger, tel que celui de cheval:
mais il nous est impossible de dire combien il faut
de l'un ou de l'autre engrais pour amener le terrain
à l'état de fertilité et de divisibilité le plus propre
à la culture maraîchère, ni même de préciser en
combien d'années il sera amené à cet état. Mais
une fois devenu propre à la culture maraîchère,
nous pouvons dire ce qu'il faut d'engrais par an,
pour l'entretenir dans son état de fertilité, quoiqu'il y ait des légumes plus épuisants les uns que
les autres.

Il est bien entendu qu'il est ici question d'un
marais où l'on ne fait pas de primeur, par conséquent pas de couches; mais nous ne concevons
pas de culture maraîchère sans paillis, sans terreau
pour couvrir les semis; et, comme dans un marais
le même endroit peut produire trois ou quatre
récoltes par an, cet endroit doit être aussi paillé
ou terreauté trois ou quatre fois en un an, ce qui
produit déjà un engrais, mais insuffisant pour entretenir la fertilité; il faut donc que le maraîcher
qui ne fait pas de couches et, par conséquent, pas
de primeurs achète, chaque année, aux maraîchers
qui font des couches et des primeurs, pour environ

200 fr. par hectare de fumier de vieilles couches,
dont une partie est enterrée comme engrais, et
l'autre employée en paillis et pour être convertie
en terreau.

Tel est le mode le plus général de fumer des maraîchers qui ne font pas de primeurs; mais, quand
leur terrain est trop léger, trop sableux, ils n'a-
chètent, par hectare, que pour 100 fr. de fumier
de vieilles couches, ce qui leur suffit pour pailler
et terreauter leurs plants et leurs semis, et ils emploient les 100 autres fr. à acheter du fumier de
cheval gras ou de vache, qu'ils enterrent comme
engrais.

Dans un établissement maraîcher de la contenance de 1 hectare où l'on fait beaucoup de primeurs, la dépense est beaucoup plus considérable;
dans celui, par exemple, où l'on occupe 400 panneaux de châssis et 3,000 cloches, on dépense
pour plus de 3,000 fr. de fumier par an.

Il y a ici une observation à faire. On croit assez
généralement que, si nous obtenons d'aussi beaux
légumes, c'est que nous employons beaucoup d'engrais; c'est une erreur. Quand notre terrain est
devenu en état d'être cultivé en culture maraîchère,
nous n'y mettons plus d'engrais proprement dit :
la fertilité du terrain s'entretient d'abord par les
paillis et les terreautages que nous renouvelons
et enterrons au moins trois fois dans une année;
ensuite parce que nous changeons, autant que
nous pouvons, nos carrés de melons de pl

chaque année, et que l'eau avec laquelle nous arrosons nos couches traverse le fumier et en en-
traîne les parties fertilisantes dans la terre ; enfin
parce que nos melons en tranchées se font dans
des fosses remplies de fumier qui communique une
partie de sa fertilité à la terre, et qu'ensuite, quand
nous retirons ce fumier des fosses ou tranchées,
il en reste toujours une partie plus ou moins dé-
composée qui engraisse naturellement la terre et
la met dans l'état de fertilité le plus convenable à
la culture maraîchère : aussi ceux d'entre nous qui
font beaucoup de primeurs vendent, chaque année,
une partie de leur terreau de couches et n'achètent jamais d'engrais d'aucune espèce.

On désirerait peut-être nous voir traiter ici de
ce que coûte l'entretien de 1 hectare de terrain en
culture de pleine terre, en culture forcée ; ce que
cette culture rapporte de bénéfice en un an ; que
nous indiquassions ce que coûte la production de
chaque légume et le prix de sa vente, et que nous
formassions un tableau du *coût* et du *profit* de la
culture de tous ces objets. Sans doute tous ces détails seraient nécessaires à une bonne statistique;
mais pour les obtenir il faudrait d'abord que la
dépense et le profit fussent toujours invariables, ce
qui n'a pas lieu ; puis fouiller dans les secrets de
nos confrères, ce que nous ne nous permettrons
jamais.

CHAPITRE III.

Des terres et de tout ce qui se rapporte au sol.

Nous ne connaissons et il n'y a, en effet, que trois sortes de terre en culture maraîchère à Paris, que nous distinguons par les noms de terre forte, terre meuble et terre sableuse : la première est celle dans laquelle l'argile domine , c'est la plus difficile à travailler ; la seconde est celle où l'argile et le sable, soit calcaire, soit séléniteux, soit siliceux, sont dans les rapports les plus convenables pour former une terre facilement divisible ; la troisième est celle où le sable siliceux, surtout, entre avec excès et détruit la cohésion nécessaire. Chacune de ces terres a ses avantages et ses inconvénients dans la culture maraîchère.

La première, par sa compacité, s'échauffe difficilement aux premières chaleurs du printemps, reste froide et tardive ; mais, dans l'été et l'automne, les gros légumes, tels que chou-pomme, chou-fleur, artichaut, cardon, etc., y poussent avec vigueur, si l'on a soin d'en biner souvent la surface, pour l'empêcher de se fendre et de se crevasser, ou de la couvrir d'une couche de paillis. Cette terre, conservant aisément sa fraîcheur, ne demande pas à être arrosée aussi fréquemment que les autres, et les engrais qu'on lui donne doivent être du fumier de cheval tout au plus à moitié consommé et du terreau qui a déjà servi.

La seconde sorte, la terre meuble, est la plus favorable à toute espèce de légumes; elle ne craint guère la sécheresse ni l'humidité; d'ailleurs on la préserve de la première par le paillis, dont l'usage est général dans la culture maraîchère, et l'engrais qu'il lui faut est un fond de couche ou de terreau gras.

A propos de terreau gras, nous devons faire ici une observation : c'est que, par la manière dont nous travaillons nos couches et les arrosons pour en obtenir plusieurs saisons, le fumier se consomme entièrement dans l'année et se convertit en un terreau véritablement gras qui, mélangé avec celui dont les couches étaient chargées, révivifie celui-ci et lui rend la fertilité qu'il peut avoir perdue en nourrissant jusqu'à quatre saisons de légumes. Dans les jardins bourgeois, où on ne travaille pas comme nous, le fond de couche n'est jamais gras; c'est un fumier plus ou moins sec, plus ou moins brûlé, qui ne serait bon qu'à faire un paillis, si on paillait dans les jardins bourgeois.

La troisième sorte, la terre sableuse ou qui manque de cohésion, s'échauffe aisément aux premières chaleurs du printemps; la végétation s'y manifeste plus tôt que dans les autres terres, les récoltes printanières y sont plus précoces et de bonne qualité; mais, dans l'été, la végétation y languit, parce que cette sorte de terre s'échauffe et se dessèche trop ; ses produits deviennent coriaces et montent avant le temps. Une telle terre, quoiqu'elle soit des plus faciles à labourer et à dresser, est pourtant des plus coûteuses, étant cultivée en culture maraîchère, parce qu'après le printemps il faut la couvrir d'un paillis plus épais et lui donner des arrosements beaucoup plus nombreux, et que, quoi que l'on fasse, les légumes n'y viennent jamais aussi forts ni aussi beaux que dans une terre plus consistante. L'engrais qui lui convient le mieux est le fumier de vache. C'est dans les années trop humides pour les autres terres que celle-ci donne le maximum de son produit.

CHAPITRE IV.

Des expositions et des situations locales.

Quoique le maraîcher qui s'établit puisse très-rarement choisir le terrain le mieux placé et le mieux exposé, nous devons cependant donner ici une idée des avantages et des inconvénients des diverses expositions et situations locales.

Par situations locales nous entendons

1º Un marais dont les abords sont faciles ou difficiles, plus ou moins loin de la halle ;

2° Un marais sur un lieu élevé, exposé à tous les vents, avec des puits fort creux, ou un marais dans un lieu bas avec des puits peu profonds;

3° Un marais placé sur un terrain horizontal ou placé sur un terrain incliné. Nous allons dire notre façon de penser sur ces diverses situations.

1° Un marais dont les abords sont faciles, avec une charrette et le moins loin possible de la halle, sera toujours le plus recherché, si d'ailleurs son terrain est bon; il économisera beaucoup de temps, mais il sera vendu ou loué le plus cher. Le marais dont les abords sont difficiles avec une charrette, placé sur les derrières ou au fond d'une ruelle non pavée, vaut nécessairement moins, mais le transport des marchandises coûte plus de peines et plus de temps.

2° Nous ne conseillerons jamais à un maraîcher de s'établir sur un lieu élevé exposé à tous les vents et où les puits sont très-creux. Un air modéré est utile à la végétation des légumes, mais les vents violents leur sont nuisibles sous une infinité de rapports, surtout sous celui de leur belle apparence et, par conséquent, de la vente. Ensuite l'eau tirée d'un puits fort creux coûte trop cher, quels que soient les moyens employés pour la faire monter.

3° Un marais placé sur un terrain horizontal est le plus avantageux, d'abord en ce que sa culture est moins fatigante, ensuite en ce qu'on peut diriger l'eau des arrosements au moyen de

tuyaux dans toutes ses parties sans dépense extraordinaire.

Un marais en pente, pour peu qu'elle soit sensible, offre plusieurs inconvénients : pendant
l'été, au temps des arrosements, il faut une surveillance active pour que l'eau des tonneaux les
plus bas ne se perde pas, et pour que celle qu'on
jette sur la terre s'imbibe à l'endroit où on la répand.

Malgré ces deux inconvénients, si un maraîcher était forcé de s'établir sur un terrain en
pente, nous lui conseillerions de choisir la pente
au levant ou au couchant de préférence à celle
du midi, à moins qu'il ne fasse absolument que
des primeurs ou que le terrain soit assez argileux
pour ne pas craindre la chaleur et la sécheresse
de l'été. Quant à la pente au nord, il ne faut pas
penser à y faire des primeurs ; mais les légumes
d'été et d'une partie de l'automne y viendront
très-bien. Voyons maintenant les expositions.

En jardinage, le mot *exposition* a un sens assez
restreint. Un mur, par exemple, dirigé de l'est à
l'ouest forme deux expositions, l'une au midi et
l'autre au nord : au midi, la température est plus
chaude ; au nord, elle est plus froide ; mais l'effet
de ces expositions ne se fait plus sentir à 5 ou
6 mètres du mur.

Un marais à peu près carré peut avoir quatre
expositions s'il est clos de murs; l'une regarde le
levant, l'autre le midi, l'autre le couchant et

l'autre le nord, et chacune d'elles a des pro-
priétés qui lui sont propres et que nous allons
expliquer, en commençant par celle du midi,
qui est la meilleure, après avoir dit quelle est la
hauteur des murs qui doivent ou peuvent clore
un marais.

Une hauteur de 1 mètre 94 centimètres à 2 mètres 27 centimètres est suffisante pour l'exposition
du levant, du midi et du couchant ; cependant, si
le mur de l'exposition du midi est plus haut, si
c'est, par exemple, un bâtiment, l'exposition en
serait trop brûlante dans l'été : quant à l'exposition du nord, c'est tout le contraire ; plus le mur
est bas, moins elle est mauvaise.

A l'exposition du midi nous établissons une
côtière ou plate-bande, large de 2 mètres 27 centimètres, et aussi longue que le mur où, à la faveur de ce même mur, nous plantons de la romaine
élevée sous cloche dès le mois de février, et nous
y semons en même temps des carottes, ou des
radis, ou des épinards, ou du persil parmi les
romaines ; et toutes ces plantes deviennent bonnes
à être vendues trois semaines ou un mois avant
celles plantées en plein marais ; et dès le mois
de mars nous y contré-plantons nos premiers
choux-fleurs de pleine terre élevés sous châssis.

L'exposition du levant ainsi que celle du couchant peuvent avoir aussi chacune leur côtière,
mais moins large que celle du midi, et recevoir
les mêmes plantes ou semis quinze jours ou trois

semaines plus tard, et, comme le soleil ne les fa-
vorise que la moitié de la journée, l'une du matin
à midi, l'autre de midi au soir, les plantes n'y
croissent pas aussi rapidement ou n'y sont pas
aussi précoces qu'à l'exposition du midi. Nous
devons faire observer, en passant, que, s'il gèle la
nuit et que le soleil luise en se levant, les plantes
à l'exposition du levant sont exposées à être brûlées par ses rayons.

L'exposition du nord, à cause de sa fraîcheur, ne
peut être de quelque utilité dans un marais que
dans l'été, pour recevoir les semis ou les plants
qui aiment la fraîcheur en cette saison, comme
l'épinard, le cerfeuil, la pimprenelle, la poirée,
les choux, etc. Il vaudrait mieux qu'un marais
n'eût pas de murs de ce côté, ou qu'il n'en eût
qu'un très-bas ; mais, quand le mur existe, c'est
contre lui qu'on élève des hangars pour serrer les
coffres à coulisses, les panneaux de châssis et les
paillassons quand ils ne servent plus.

Outre les expositions plus chaudes que les murs
procurent, ceux-ci ont encore l'avantage de donner la possibilité d'établir des espaliers de vigne
ou d'arbres fruitiers dont le produit n'est pas à
dédaigner.

Beaucoup de marais à Paris n'ont pas de murs ;
mais les maraîchers les remplacent, incomplète-
ment il est vrai, par des brise-vent en paille de
seigle, hauts d'environ 1 mètre 50 centimètres.
Ces brise-vent forment des abris qui ne produi-

sent qu'une partie des bons effets d'un mur, ils ne
peuvent hâter la végétation avec la même rapidité;
mais leur protection n'est pas à dédaigner, et on
se trouve bien de les employer, même d'en faire
de moins élevés dans différentes parties du marais
pour favoriser certains semis ou la croissance de
certains légumes. Nous reparlerons des brisé-vent
dans le chapitre VII.

CHAPITRE V.

*Des substances améliorantes employées comme engrais,
amendements stimulants.*

Les jardiniers-maraîchers d'aujourd'hui, comme
sans doute étaient ceux du temps passé, ne connaissent pour *engrais* et *stimulant* que le *fumier*,
l'eau et la *chaleur*; rien de plus. Plusieurs d'entre nous se rappellent, pourtant, avoir vu employer les balayures des rues de Paris pour
améliorer la terre de certains marais; mais cet
usage est abandonné depuis longtemps par les
maraîchers dans l'enceinte de la capitale, quoiqu'il
soit toujours suivi, et avec raison, dans la petite
culture des environs.

Nous l'avons déjà dit, il n'y a que les maraîchers qui ne font pas de primeurs et, par consé-

quent, pas de couches, qui soient obligés d'acheter du fumier exprès pour fertiliser leur terre ;
mais la grande majorité d'entre nous n'en achète
jamais pour cet usage ; nos couches à melons dans
les tranchées nous fournissent le paillis, et nos
couches à melons sur terre nous fournissent le
terreau nécessaire à nos cultures; et, comme nous
enterrons en labourant trois ou quatre paillis et
autant de terreautages chaque année, cela suffit
pour entretenir la fertilité de la terre de nos marais, qui, comme on sait, produisent de plus
gros et de plus beaux légumes que dans toute
autre culture. Nos arrosements abondants et fréquents, nos paillis qui tiennent la terre fraîche
et empêchent les mauvaises herbes de croître, le
soin que nous avons de sarcler et biner à propos,
contribuent aussi beaucoup à la beauté de nos
légumes.

Après cet aperçu général, nous allons faire connaître comment nous obtenons le paillis et le terreau dont nous nous servons, l'usage que nous
en faisons et les effets que nous en attendons.

Paillis. — On forme les paillis avec du fumier de
cheval, très-court, à moitié consommé. Nous pouvons l'obtenir de trois manières : 1° du fumier de
vieilles couches à melons, qui ont été faites dans
des tranchées; 2° de vieilles meules à champignons,
qui ne rapportent plus; 3° des débris de nos tas
de fumier neuf, quand nous les démolissons pour
faire nos couches. Tous ces fumiers courts et à

moitié consommés se secouent avec une fourche,
pour en faire tomber ce qui est trop consommé,
et ce qui ne l'est pas trop forme les paillis.

Usage du paillis. — Chaque fois que nous labourons une planche et que nous l'avons dressée et
râtelée, avant de la planter, nous étendons dessus
une couche de paillis épaisse de 6 à 8 millimètres,
et de manière à ce que la terre en soit parfaitement couverte, après quoi nous la plantons.

Bons effets du paillis. — Un paillis empêche la
surface de la terre de sécher, de se crevasser ou de
se fendre ; il la tient fraîche ; il fait que l'eau des arrosements ne s'écoule ni à droite ni à gauche,
qu'elle pénètre à l'endroit où on l'a versée, et s'oppose à son évaporation. Sans paillis, nous serions
obligés de tripler les arrosements, et encore les légumes ne viendraient pas aussi bien.

Cependant le paillis a, selon nous, un petit inconvénient, qui fait qu'on ne doit pas le répandre sur
les planches avant la fin d'avril ou le mois de mai;
c'est qu'il attire l'humidité plus que le terreau; que,
si des légumes tendres sont plantés de bonne heure,
des laitues, par exemple, dans une planche couverte
d'un paillis, les petites gelées tardives du printemps
leur feraient plus de mal que si elles étaient dans
une planche couverte de terreau ; c'est pourquoi
nous terreautons, mais ne paillons pas les planches ou côtières que nous plantons avant la fin
d'avril.

Terreau, terreautage. — Le terreau qu'on emploie dans la culture maraîchère provient du fumier consommé des couches que nous faisons sur terre. Ces couches, produisant plusieurs saisons, sont aussi labourées plusieurs fois, fortement arrosées, et, à l'automne, leur fumier se trouve entièrement décomposé, changé en terreau gras; alors nous le brisons avec une fourche, en le mêlant avec celui qui était sur la couche; nous le mettons en tas, et nous nous en servons ensuite pour mettre sur de nouvelles couches et pour faire nos terreautages.

Les couches que nous faisons dans des tranchées se chargent ou se couvrent avec la terre du sol ; nous en dirons la raison plus tard : mais celles que nous faisons sur terre se chargent avec du terreau, et nous en mettons sur le fumier l'épaisseur d'environ 13 ou 14 centimètres. C'est sur ce terreau, au moyen de châssis, que nous faisons nos cultures précoces, que nous semons des radis, des carottes, de la chicorée sauvage; que nous plantons des romaines, des laitues, de la chicorée frisée, des choux-fleurs, etc.

Le terreau nous sert aussi pour terreauter les planches que nous plantons avant le mois de mai ; nous l'étendons, de l'épaisseur de 2 ou 3 millimètres, sur la terre et de manière qu'elle en soit également couverte. Nous terreautons encore en d'autres saisons, comme on le verra plus tard; mais, dans le commencement du printemps, nous préférons le terreau au paillis pour couvrir nos planches, parce qu'il n'attire pas l'humidité comme le paillis, que sa surface se sèche aisément et que les plantes de la planche sont moins exposées à être fatiguées par les petites gelées tardives. Au moyen des arrosements, les parties alimentaires du terreau et du paillis se dissolvent, sont entraînées par l'eau dans la terre, nourrissent les plantes, jusqu'à ce qu'ils soient eux-mêmes enfouis et profitent à une nouvelle saison.

CHAPITRE VI.

Des eaux pour les arrosements.

Jusqu'à présent, les jardiniers-maraîchers, dans l'enceinte de Paris, se servent d'eau de puits pour leurs arrosements. Cette eau est limpide, mais dure et froide. Si, étant tirée du puits, elle séjournait à l'air dans un bassin ou réservoir, elle serait meilleure pour les arrosements; mais l'usage des bassins n'est pas encore admis chez les maraîchers de Paris. Ils ont des tonneaux à moitié ou aux trois quarts enterrés aux endroits les plus convenables dans leurs marais, pour recevoir l'eau qui leur arrive d'un puits par un tuyau souterrain, muni d'autant d'embranchements qu'il y a de tonneaux à remplir. Les marais où l'eau se rend dans les tonneaux, au moyen de caniveaux, sont très-rares aujourd'hui.

Il y a des quartiers dans Paris où l'eau de puits est un peu séléniteuse ; quelques fleuristes s'en plaignent ; mais nous ne connaissons aucun maraîcher qui dise que l'eau de son puits ne vaut pas celle des autres puits.

Nous savons que l'eau de nos puits est trop froide et que, si elle était à la température de l'eau de rivière, elle serait bien meilleure pour nos arrosements ; mais nous sommes obligés de l'employer telle que nous l'avons : seulement l'expérience nous a appris que quelques légumes, à certaine époque de leur croissance, la craignent quand le soleil luit chaudement.

Il est généralement reconnu que les arrosements du matin et du soir sont les meilleurs. Le soleil venant échauffer la terre arrosée le matin, les plantes, sans aucun doute, doivent s'en trouver bien. Les arrosements du soir sont bons en ce que les plantes ont soif après une journée chaude, en ce que l'eau a le temps de pénétrer pendant la nuit et de rafraîchir les racines des plantes avant d'être excitée à s'évaporer au soleil du lendemain ; mais, quand les nuits deviennent froides et longues, les arrosements du soir ne sont plus d'un aussi bon effet, ils peuvent, au contraire, ralentir ou suspendre la végétation, par la fraîcheur de leur eau jointe à celle de la nuit.

Les arrosements du matin et du soir ne suffisent pas chez les maraîchers de Paris ; ceux-ci sont souvent obligés d'arroser toute la journée, même par un soleil très-brûlant, avec leur eau très-froide, et c'est dans ce cas qu'ils ont reconnu que le contact du froid et du chaud était préjudiciable à quelques légumes dans un certain état de croissance. Ainsi, quoiqu'il soit de règle, parmi nous, qu'on peut arroser, le matin et toute la journée, toute espèce de légumes non encore parvenus aux trois quarts de leur croissance, il en est d'autres, cependant, qui, arrivés au même point, ne peuvent plus être arrosés, sans dommage, avec de l'eau froide comme celle de nos puits, quand le soleil darde ses rayons avec force ; tels sont les melons, les cornichons, les romaines près de se coiffer, les escaroles, les chicorées bonnes à lier. L'eau froide, jetée sur une romaine échauffée par le soleil, la fait *moucheter*, en terme de maraîcher.

CHAPITRE VII.

Des outils, instruments et machines.

OBSERVATION. — Nous nous écartons sans doute de l'usage, en plaçant ici les murs et les puits au nombre des instruments et outils nécessaires à la culture maraîchère ; mais, puisque les murs remplacent les brise-vent et sont beaucoup plus avantageux, puisque les puits sont d'une nécessité absolue dans nos marais, il nous a semblé qu'il valait mieux en parler dans le chapitre des instruments que partout ailleurs.

Arrosoirs. — Quoique l'on fasse des arrosoirs

en zinc, en fer-blanc, en cuivre jaune, les maraîchers ne se servent que d'arrosoirs en cuivre rouge,
plus lourds et plus chers, mais plus solides et de
plus longue durée. Les maraîchers n'emploient que
des arrosoirs à pomme, avec lesquels ils exécutent
des bassinages très-légers, des arrosements en plein
et des arrosements à la *gueule*, c'est-à-dire que,
dans des cas, il est plus avantageux de verser l'eau
par la bouche de l'arrosoir que par la pomme.

Un arrosoir ordinaire pèse, étant vide, 2 kilogrammes, et contient 10 litres d'eau. Dans les
arrosages, un homme porte deux arrosoirs pleins,
un à chaque main, et, par un certain mouvement,
les vide tous les deux à la fois pour abréger le
temps, qui est toujours précieux dans notre état.
La perfection d'un arrosoir consiste surtout dans
l'inclinaison de sa pomme, dans le nombre et la
largeur des trous dont elle est percée. Le nombre
d'arrosoirs nécessaire dans un établissement est
subordonné au nombre d'hommes qui peuvent
arroser en même temps dans l'été : chaque paire
d'arrosoirs en cuivre rouge (on les nomme aussi
cruches dans quelques marais) coûte de 28 à 32 fr.;
terme moyen. . . . . 30 fr.

Bêche. — La bêche est la charrue du jardinier.
C'est une lame de fer en carré long, renforcée
d'une arête en dessous, munie d'une douille
par en haut, pour recevoir un manche en bois
long d'environ un mètre, et acérée et tran-
chante par en bas. La bêche sert à labourer, re-

tourner et diviser la terre jusqu'à la profondeur de 8 à 10 pouces (22 à 28 centimètres). Il y a des bêches de différentes grandeur et qualité, proportionnées aux forces de celui ou de celle qui les emploie. Une bêche coûte environ 5 fr.; ci. .   5 fr.

Binette. — C'est une petite lame acérée, munie d'une douille recourbée en quart ou en demi-cercle, dans laquelle est inséré un manche en bois long de 1 à 2 mètres. La binette sert à remuer la terre dans les plantations où l'herbe commence à croître, afin de la faire mourir; elle coûte 75 c. ; ci.   75 c.

Bordoir. — On appelle ainsi un bout de planche en bois, long d'environ 1 mètre et large de 20 centimètres, muni, dans son milieu, d'un côté, d'un petit manche rond en bois, long de 12 centimètres : cet outil sert à border le terreau des couches à cloches ou qui n'ont pas de coffre; pour s'en servir, on le pose de champ sur le bord du fumier de la couche, on attire et on presse le terreau contre le bordoir, pour donner de la consistance et de la solidité au terreau. Quand le terreau fait bien la muraille, on glisse le bordoir un peu plus loin; on fait la même opération jusqu'à ce que toute la couche soit bordée.

Avec cet outil, un seul homme peut border une couche; au moyen de son manche, il peut encore battre et affaisser le terreau de la couche quand elle en est garnie, pour qu'il soit moins creux et s'affaisse moins. Les maraîchers font quelquefois leur bordoir eux-mêmes; s'ils le font faire, il coûte 1 fr. 5o c.; ci. . . . . 1 fr. 5o c.

Brise - vent. — Les brise-vent sont de forts paillassons qui, au lieu d'être cousus en ficelle, sont tenus par trois rangs de lattes attachées avec de l'osier; ils servent à clore les marais qui n'ont ni murs ni haie, et à faire des abris pour certains semis et plantations : on les plante debout soutenus par de forts piquets. Paille, lattes et piquets compris, 2 mètres de brise-vent coûtent environ 2 fr. le double mètre; ci. . . 2 f.

Brouette à civière. — Cette brouette est formée d'une roue en bois et de deux longs mancherons joints par plusieurs barres transversales qui lui font un fond à jour; elle n'a rien sur les côtés, mais seulement une ridelle par devant; elle sert à transporter ce qui a un gros volume et peu de poids, tel que fumier neuf. Son prix est d'environ 11 fr.; ci. . . . . 11 fr.

Brouette à coffre. — Celle-ci est moins longue que l'autre. Le fond, le devant et les deux côtés sont en planches minces; elle sert pour transporter du fumier consommé, du terreau, de la terre, des immondices; il y en a de plus ou moins grandes : celles dont nous nous servons coûtent 9 fr. l'une; ci. . . . . 9 fr.

Calais. — Nous appelons ainsi un petit mannequin creux, formé de petites lames en bois de bourgène, dans lequel nous mettons de l'oseille, des laitues, etc.: ils coûtent 1 fr. 20 c. la douzaine; ci. 1 fr. 20 c.

Cale ou *tasseau*.— C'est un morceau de bois épais de 3 centimètres, large de 10 centimètres et long de 18 centimètres : il sert pour soulever les châssis par derrière quand on veut donner de l'air aux plantes qui sont dessous; on le place sur le bord du coffre à plat, de champ ou debout, selon la quantité d'air qu'on veut leur donner.

Cannelle. — Il en faut une grosse en cuivre au bas de l'auge ou du réservoir, du prix de. . 35 fr.

Il en faut une de moindre dimension à cha-que tonneau, dans le prix de 8 à 10 fr.; terme moyen. . . . . 9 fr.

Charrette. — Les charrettes dont les maraîchers se servent pour mener leurs légumes à la halle et charroyer leur fumier sont à un cheval : leur prix est de 500 à 550 fr.; terme moyen. . . . 525 fr.

Chargeoir. — C'est une espèce de trépied gros-sièrement fait, muni, en dessus, de deux bras ou bâtons servant de dossier, et sur lequel on pose le hottriau pour le charger de fumier, terre ou ter-reau, etc. : ce chargeoir coûte 5 fr.; ci.. . . 5 fr.

Châssis. — Châssis et panneau de châssis sont synonymes. C'est un carré en bois de chêne, peint de deux couches à l'huile, qui a 1 mètre 33 cen-timètres sur chaque face et est divisé en quatre par trois petits bois pour soutenir le verre; les châssis sont indispensables en culture forcée, en ce qu'ils maintiennent la chaleur et l'humidité de la couche, et que la lumière du jour, la chaleur du soleil pénétrant au travers du verre, tient les plantes

qui sont dessous dans une température favorable
à leur croissance; quand on juge la chaleur trop
grande ou que l'on veut faire un peu durcir les
plantes, on leur donne de l'air en levant plus ou
moins le châssis par derrière. Il va sans dire que,
puisque nous n'employons des coffres et des châssis que pour élever des primeurs, ils doivent être
inclinés autant que possible toujours vers le midi.
Un panneau de châssis en bois de chêne, peint et
vitré, coûte de 10 à 12 fr.; terme moyen.   11 fr.

Civière. — La civière se compose de deux bras
longs de 2 mètres 66 centimètres, assemblés par
quatre barrettes longues de 70 à 80 centimètres,
placées au centre, à 16 centimètres l'une de l'autre.
Dans nos marais, la civière sert particulièrement à
transporter les châssis du hangar sur les coffres
et des coffres sous le hangar. Deux hommes peuvent porter cinq ou six châssis sur une civière.

Cloches. — Les cloches à maraîchers ont 40 centimètres de diamètre à la base, environ 20 centimètres dans le haut, et leur hauteur est de 36 à 37 centimètres. Autrefois les cloches étaient d'un verre
plus vert qu'aujourd'hui; les maraîchers s'en sont
plaints, et maintenant elles sont d'un verre plus
blanc, mais plus fragile. L'utilité des cloches dans
la culture des primeurs est moins efficace que
celle des châssis; mais leur usage est plus général en ce qu'il est moins dispendieux. Le prix des
cloches varie un peu : aujourd'hui on les paye de
80 à 85 fr. le cent; terme moyen. .   82 fr. 50 c.

Coffres. — Il y a des coffres à un ou deux châssis, mais dans nos marais ils sont presque tous à trois châssis. Un coffre à trois panneaux de châssis est un carré long de 4 mètres, large de 1 mètre 33 centimètres, construit en planches de sapin et qui se pose sur une couche; le derrière est haut de 27 à 30 centimètres, et le devant de 19 à 22 centimètres : nous le préférons en sapin, parce qu'il est moins lourd et moins cher qu'en chêne; nous ne le peignons pas, parce que la peinture à l'huile peut nuire aux racines des plantes. Le devant du coffre est muni de petits taquets, pour empêcher les châssis de couler, et le dessus est garni de trois traverses fixées à queue-d'aronde, pour maintenir l'écartement et soutenir le bord des châssis. Nos coffres n'ont ni la profondeur ni l'inclinaison de ceux des jardins bourgeois, parce que nous voulons que les plantes soient près du verre; mais, si nous voulions forcer plus longtemps les plantes qui deviennent hautes, telles que tomates, aubergines, choux-fleurs, nous mettrions deux coffres l'un sur l'autre. Un coffre à trois panneaux de châssis coûte de 7 fr. à 7 fr. 50 c.; terme moyen. . . . . .   7 fr. 25 c.

Cordeau. — Un cordeau est indispensable avec le double mètre, pour dresser convenablement les planches et les sentiers. Quant à la grosseur, elle est assez arbitraire. Il se vend au poids, à raison de 1 fr. le demi-kilogramme; ci. . .   1 fr.

Côtière. — C'est, en terme de maraîcher, une

plate-bande plus ou moins large, abritée ou protégée par un mur, un brise-vent, une haie contre les vents froids, et où l'on sème ou plante des légumes qui viennent plus tôt qu'en plein carré.

Crémaillère. — C'est un bout de latte en chêne, long de 20 à 24 centimètres, sur un côté duquel sont trois entailles ou crans allongés, à 5 centimètres l'un de l'autre, pour soutenir les cloches plus ou moins élevées, lorsqu'on veut donner de l'air aux plantes qu'elles recouvrent.

Double mètre ferré. — Nous avons remplacé la toise par le double mètre, qui a à peu près la même longueur ; il nous sert pour mesurer la largeur de nos planches, afin qu'elles aient de l'uniformité. Quant au tracé des rayons dans une planche avec le bout du double mètre, pour planter des salades, de l'oignon, etc., il n'est pas en usage chez nous ; nous traçons autrement, comme on le verra plus loin. Le double mètre, ferré aux deux bouts, coûte de 1 fr. à 1 fr. 50 c.; terme moyen. . . . . 1 fr. 25 c.

Fléau. — Un fléau se compose d'un manche long de 1 mètre 50 centimètres, au bout duquel est jointe par des courroies une *latte* ou *batte* de moitié plus courte et beaucoup plus grosse que le manche. Le fléau sert à battre les légumes mûrs dont la graine ne tombe pas aisément, tels que la chicorée : il coûte 1 fr. 50 c.; ci. . . 1 fr. 50 c.

Fourche. — Outil indispensable pour charger et décharger du fumier, pour façonner des couches

et briser les mottes de terre sur les planches labourées. La fourche est en fer, composée de trois
grandes dents pointues, un peu coudées près de
leur origine, pour leur donner la direction convenable à leur usage. Le côté opposé aux dents a
une douille pour recevoir un fort manche en bois
long de 1 mètre 50 centimètres. Le prix d'une
bonne fourche est de 5 fr. à 5 fr. 50 c.; terme
moyen. . . . . 5 fr. 25 c.

Gibet. — On appelle ainsi, dans les marais,
trois morceaux de bois plantés en triangle autour
d'un puits, hauts de 3 mètres, réunis par en haut
d'où pend une poulie sur laquelle passe une corde
ayant à chaque bout un seau qu'un homme fait
monter et descendre à force de bras. Cet appareil
ne peut être mis en usage que dans les puits peu
profonds; son emploi diminue journellement dans
les marais, et il est remplacé par les manéges et
les pompes à engrenages : il coûte, tout monté,
de 28 à 30 fr.; ci. . . . . 29 fr.

Hotte.—Les hottes des maraîchers sont à claire-
voie et moins grandes que les hottes ordinaires;
il en faut au moins deux douzaines dans la plupart
des établissements maraîchers. C'est sur ces hottes
que l'on arrange, avec un certain art, les légumes
qui doivent aller à la halle, et, quand une hotte
est ainsi chargée de légumes, le tout se nomme
voie : ainsi on dit *une voie de choux-fleurs, une
voie de melons.* Un maraîcher dira : *J'ai envoyé
aujourd'hui vingt voies de marchandises à la halle.*

Les femmes sont plus adroites que les hommes pour *monter* avec goût la marchandise sur une hotte ; aussi ce sont presque toujours elles qui font ce travail. Une hotte coûte de 2 fr. à 2 fr. 50 c. ; terme moyen. . . . . 2 fr. 25 c.

Hottriau. — Ce mot, qui semble un diminutif de hotte et devoir signifier une petite hotte, désigne, au contraire, une hotte deux ou trois fois plus grande que les autres. Le hottriau est fait de petit bois et d'osier, comme les hottes ordinaires, et se porte de même sur le dos au moyen de deux bretelles ; par son moyen, un homme porte un volume considérable de fumier au moment de faire les couches, et passe où on ne pourrait passer avec une brouette : il sert à porter du terreau sur les couches, sur les planches ; il sert pour emporter le vieux fumier des tranchées ; enfin le hottriau est un meuble très-utile dans un marais : il coûte 5 ou 6 fr.; terme moyen. . . . . 5 fr. 50 c.

Manége. — On appelle ainsi, dans les jardins, un appareil en forte charpente, servant à tirer l'eau d'un puits au moyen d'un cheval. Il y a des manéges plus ou moins compliqués, en raison des fortunes et des besoins. Voici une description abrégée de ceux qui sont d'un prix intermédiaire. Aux deux côtés opposés de la margelle d'un puits, on plante et on scelle debout, à 2 mètres au moins de distance l'un de l'autre et solidement, deux forts morceaux de bois équarris, hauts d'environ 3 mètres sur 22 centimètres d'équarrissage : on les joint au som-

met par une traverse de même équarrissage; ensuite on place une seconde traverse de même diamètre à environ 90 centimètres au-dessous de la
première, et il en résulte un cadre ou châssis que
l'on divise en trois parties égales par deux forts
morceaux de bois équarris, ajustés à mortaise dans
les deux traverses : ces deux morceaux de bois
sont percés et évidés au milieu, pour recevoir
chacun une poulie. Juste en face et à 5 ou 6 mètres
du puits, on plante un autre morceau de bois de
mêmes hauteur et diamètre, et on le joint au premier bâti par une traverse qui donne de la solidité
au tout. Au centre, ou à 3 mètres du puits, on
place un arbre tournant verticalement sur deux
pivots en fer, l'un en bas sur un dé en pierre, et
l'autre dans la traverse supérieure; cet arbre tournant a dans sa partie haute un gros tambour, et
une *queue* ou levier fixé à l'arbre, long de 2 ou
3 mètres, qui descend obliquement jusqu'à
84 centimètres de terre, et au bout duquel on attelle
un cheval pour tourner l'arbre et le tambour.

On se pourvoit, ensuite, de deux fortes cordes,
assez longues pour que, après avoir été attachées
au tambour par un bout, l'une dans le bas, l'autre
dans le haut, et avoir passé sur les poulies, elles
puissent descendre jusque dans l'eau du puits,
et qu'elles aient encore 6 à 7 mètres de longueur,
pour rester enroulées, l'une à droite, l'autre à
gauche, sur le tambour. Ensuite on attache à
chaque bout un grand seau de la contenance

de 80 à 100 litres, et, quand le cheval fait tourner le tambour, un seau vide descend dans le puits et l'autre remonte plein d'eau. Dans plusieurs marais, une personne est là pour verser l'eau dans une auge ou réservoir; mais, dans quelques autres, un crochet arrête le seau et le force à se vider de lui-même. Un manége tout monté coûte de 500 à 600 francs; terme moyen. : . . . . 550 fr.

Mannes.—Les mannes sont des espèces de corbeilles ou paniers sans anses; elles sont plus ou moins grandes et profondes, et construites en osier. On doit en posséder un certain nombre dans un établissement maraîcher. Elles servent à mettre différents légumes, particulièrement des herbages, pour porter à la halle. Une manne coûte 90 cent.; ci. 90 c.

Mannettes.—Il y en a de deux sortes; elles sont l'une et l'autre en forme de corbeilles en osier et servent à mettre des melons, des choux–fleurs pour porter à la halle : leur prix est de 50 à 75 centimes l'une; terme moyen. . . . . 65 c.

Maniveau. — C'est une sorte de petit chaseret en osier, qui ne sert guère qu'à mettre des fraises et des champignons pour la vente en détail : ces petits ustensiles se vendent 1 fr. 25 c. le cent; ci. . . . . 1 fr. 25 c.

Mur. — Le plus convenable à clore un marais, du côté du levant, du nord et du couchant, doit avoir 6 à 7 pieds (2 mètres à 2 mètres 33 centimètres) de hauteur, non compris le chaperon qui

le surmonte, et 15 pouces (40 centimètres d'épaisseur). Ce mur, construit en moellon et en plâtre,
coûte à Paris, le mètre courant, la somme de 10 à
11 fr.; terme moyen. . . . .   10 fr. 50 c.

Paillassons. — Partout les jardiniers font leurs
paillassons eux-mêmes : il y en a de plusieurs grandeurs et épaisseurs ; les nôtres ne sont pas très-
grands ni très-épais, afin qu'ils ne soient pas trop
lourds et qu'ils sèchent promptement après avoir
été mouillés par la pluie; leur longueur est de
2 mètres et leur largeur de 1 mètre 33 centimètres.
Nous nous en servons pour couvrir nos couches, nos cloches, nos châssis contre le froid et
contre la grêle, et quelquefois contre le soleil;
nous en employons toujours un très-grand nombre. Il y a des établissements maraîchers qui en ont
jusqu'à un mille.

Voici la manière de faire un paillasson de jardinier : sur un sol bien uni et en terre, on fixe
de champ deux planches longues de 2 mètres et
larges de 10 centimètres, parallèlement à 1 mètre
33 centimètres l'une de l'autre; ces deux planches ainsi placées se nomment *métier à paillasson*,
et servent à en fixer la largeur. On divise l'intervalle qu'il y a entre ces deux planches en quatre
parties égales, par trois lignes placées à 33 centimètres l'une de l'autre et aussi longues que les
planches, et aux deux bouts de chaque ligne on
enfonce solidement un petit piquet en bois de la
grosseur du doigt, et qui offre une saillie de 4 centi-

mètres au-dessus du sol : les 6 piquets déterminent
la longueur qu'aura le paillasson, comme les planches latérales en déterminent la largeur; ensuite
on prend de la ficelle dite à paillasson, on la tend
fortement d'un piquet à l'autre dans le sens lon-
gitudinal en la fixant aux piquets par une patte ou
boucle. On a ainsi trois lignes de ficelle longues
chacune de 2 mètres ; mais on n'a pas dû couper la
ficelle à la boucle des piquets du bas du métier ou
du côté où l'on doit commencer le paillasson, parce
que l'expérience a appris qu'il faut juste le double
de ficelle pour coudre le paillasson de ce qui est
tendu en dessous : ainsi, après la boucle faite, il
faudra mesurer deux fois la longueur de la ficelle
tendue, et ménager cette double longueur, ou 4 mètres avant de couper la ficelle; cela apprend de suite,
en outre, qu'il faut 18 mètres de ficelle pour faire
un paillasson de 2 mètres de longueur.

Les bouts de ficelle ménagés s'embobinent chacun sur un petit morceau de bois en fuseau long de
12 centimètres et dont nous allons voir l'usage.

Les ficelles ainsi tendues, on prend de la paille
de seigle bien épurée, bien *égluiée*; on en pose un
lit sur les ficelles, épais de 1 mètre 50 centimètres,
en appuyant le pied de la paille contre la planche
qui est de ce côté; on en pose autant de l'autre
côté de manière à ce qu'elle se trouve *tête bêche*
sur la première; on égalise toute l'épaisseur autant que possible; ensuite on procède à la *cou-
ture*. Un ou deux hommes peuvent coudre en

même temps un paillasson ; on se met à genoux au bas du métier où sont les bobines ; de la main gauche on prend une pincée de paille de la grosseur du doigt et on soulève en même temps la ficelle qui est dessous ; de suite, avec la main droite, on passe la bobine à droite sous la ficelle tendue, et on la retire à gauche en l'engageant ou la faisant passer entre la pincée de paille et la ficelle de dessus pour former une maille ou un nœud coulant ; on reprend une autre pincée de paille, on refait un autre nœud, et tout cela avec moins de temps qu'il n'en faut pour le dire. Enfin, tout compris, un paillasson de 2 mètres de longueur sur 1 mètre 40 centimètres de hauteur revient à 50 c.; ci. . . . .   50 c.

Pelle en bois. —Tout le monde connaît la forme d'une pelle de bois ; il y en a de plus ou moins grandes : la moyenne convient aux maraîchers ; elle leur sert particulièrement pour charger de terre les couches qu'ils font dans des tranchées, quelquefois aussi pour charger quelques-unes de celles qu'ils font sur terre, pour charger un hottriau, une brouette de terreau, de fumier consommé, enfin pour ramasser en tas toute sorte de débris. Une pelle en bois coûte de 1 fr. à 1 fr. 50 c.; terme moyen. . . . .   1 fr. 25 c.

Pelle anglaise. — Celle-ci peut, jusqu'à un certain point, remplacer la pelle en bois dans tous ses usages ; mais, ayant sa lame en fer battu et assez poli, elle est plus commode que l'autre pour ma-

nier la terre et le terreau. Une pelle anglaise coûte
de 6 à 8 fr.; terme moyen. . . . . 7 fr.

Plantoirs en bois. — Ce sont des morceaux de
bois ronds de 4 centimètres d'épaisseur, longs
d'environ 26 centimètres, terminés en pointe
émoussée par en bas, courbés en bec à corbin par
en haut, avec lesquels nous plantons nos salades,
oignons, et tout ce qui n'est pas trop délicat à la
reprise. Après avoir fait le trou avec le plantoir
et y avoir fait entrer les racines de la plante, on
les fixe convenablement en pressant de la terre
contre par un autre coup de plantoir. Nous faisons nous-mêmes ces plantoirs en bois.

Plantoirs ferrés. — Ceux-ci ne diffèrent des
précédents qu'en ce qu'ils ont le bas ferré et
qu'ils durent plus longtemps : ils servent aux
mêmes usages et ne sont peut-être pas aussi bons
pour les plantes, à cause de leur dureté et de
l'oxyde qu'ils peuvent déposer près des racines.
Quoi qu'il en soit, ces plantoirs ferrés coûtent
de 1 franc à 1 franc 50 centimes la pièce ; terme
moyen. . . . . 1 fr. 25 c.

Pompes à engrenage. — Ces appareils sont encore nouveaux dans les jardins maraîchers de
Paris, et il n'y en a encore que peu d'établis, sans
doute à cause de leur prix élevé; mais nous ne
doutons pas qu'ils ne se multiplient rapidement,
car leurs avantages sont incontestables : ils sont
d'ailleurs plus ou moins compliqués, sans doute
en raison de la profondeur du puits et de la hau-

teur où ils poussent l'eau au-dessus du niveau du sol ; et, quoique l'un de nous en ait fait établir un à son puits, nous nous abstiendrons de le décrire, dans la crainte de n'en donner qu'une idée inexacte; mais nous pouvons dire que les plus simples coûtent de 1,500 à 1,600 francs, et qu'il y en a qui coûtent jusqu'à 2,600 francs; terme moyen. . . . . 2,200 fr.

Puits. — Il peut être plus ou moins profond ; on peut rencontrer, dans la fouille, des difficultés imprévues ; les terres peuvent exiger une bâtisse plus ou moins épaisse, de sorte qu'il n'est pas aisé de dire à l'avance ce que coûtera un puits. Le sous-sol de Paris étant assez bien connu, il y a des entrepreneurs qui font des puits à tant le mètre, en raison de la perfection du travail ; mais un puits de maraîcher n'ayant besoin que de solidité, il peut coûter de 90 à 100 fr. le mètre ; terme moyen . . . . 95 fr.

Râteau. — Un râteau est composé d'un morceau de bois, appelé *tête,* long d'environ 32 à 45 centimètres, dans lequel sont placées douze ou seize dents en fer. Cette tête de râteau est percée dans son milieu d'un trou dans lequel on insère le bout d'un long manche. Le râteau sert à racler, diviser, rendre uni et meuble le dessus des planches où l'on veut faire quelque semis ; il sert encore à nettoyer, à enlever les herbes, les ordures qui se trouvent dans les allées et les sentiers : il coûte de 2 fr. à 2 fr. 50 c. ; ci. . . . . 2 fr. 50 c.

Ratissoire. — Il y a des ratissoires à pousser et des ratissoires à tirer ; il y en a en fer forgé et en fer de faux : celles à pousser sont composées d'une lame large de 7 centimètres et longue de 27 centimètres, ayant une douille au milieu pour recevoir un long manche. La ratissoire à pousser sert pour sarcler d'une manière expéditive dans les grandes plantations, comme dans un carré de choux ; la ratissoire à tirer n'en diffère qu'en ce qu'elle est plus courte et que sa douille est courbée en demicercle, pour qu'on puisse la tirer à soi en travaillant ; elle sert à ratisser les sentiers et les endroits durs. L'une et l'autre coûtent 2 f. 25 c. : ci 2 f. 25 c.

Serfouette. — Il y a des serfouettes doubles et des serfouettes simples. Les doubles ont l'œil au milieu pour recevoir un manche en bois ; d'un côté est une petite lame acérée et de l'autre deux dents : elles sont peu usitées dans nos marais, quoique commodes. Les simples ont l'œil à l'une des extrémités pour recevoir le manche, et l'autre a une lame ou deux dents qui servent à béquiller la terre dans les plantations et la mieux disposer à recevoir les arrosements. Une serfouette coûte 75 c. : ci.. . , ... 75 c.

Tonneaux. — Nous avons déjà dit que les maraîchers placent dans leur marais, et à des distances convenables, des tonneaux pour recevoir l'eau qui leur arrive du puits au moyen de tuyaux enterrés ou de caniveaux sur terre. Ces tonneaux, enterrés aux trois quarts et plus, sont de deux sor-

tes : les uns sont des barriques à vin, ils sont cerclés
en cerceaux de bois liés avec de l'osier et ne coûtent
que 5 ou 6 fr. l'un ; mais, outre qu'ils ne peuvent
contenir qu'une petite quantité d'eau, ils ont
encore l'inconvénient de ne durer que trois ou
quatre ans, et leur usage finit par devenir plus
cher que l'emploi des suivants.

On préfère aujourd'hui les pipes ou tonneaux à
huile, d'abord parce qu'ils sont plus grands, ensuite
parce qu'ils sont cerclés de huit à dix cercles de
fer, et que leur bois est imbibé d'huile qui le fait
résister à la pourriture douze ou quinze ans. Ces
grands tonneaux à huile contiennent environ
540 litres d'eau, et elle y perd de sa crudité comme
dans un petit bassin ; et, quoiqu'ils nous coûtent
14 et 15 fr. l'un, il y a encore du profit à les
préférer aux tonneaux à vin : ci. . . 14 fr. 50 c.

Tuyaux. — L'eau tirée du puits par un manége
ou une pompe à engrenage est versée dans une
auge ou petit réservoir plus élevé que le sol du
marais. Le fond de ce réservoir, ordinairement
doublé en plomb ou en zinc, est percé d'un trou
auquel est ajusté un bout de tuyau en plomb, divisé en deux par une grosse cannelle en cuivre, que
l'on ouvre et ferme au besoin. Ce tuyau en plomb
doit descendre à peu près perpendiculairement
jusqu'à 6 ou 8 pouces dans la terre, et là se diriger horizontalement et de manière à ce qu'on
puisse y souder la tête du tuyau souterrain qui
doit porter l'eau à tous les tonneaux du marais.

Ce tuyau pourrait être en plomb ou en fonte ! mais les maraîchers le préfèrent en grès, c'est-à-dire en bouts de tuyaux de grès ajustés bout à bout et mastiqués avec du mastic de fontainier, et, comme il y a de ces tuyaux courbés en forme de T, on peut établir autant d'embranchements que l'on veut sur le tuyau principal.

L'eau entre ordinairement dans les tonneaux par le trou de la bonde et déborderait souvent par en haut et se perdrait, si l'on n'y remédiait pas de la manière suivante : au lieu que le bout du tuyau qui entre dans le tonneau soit en grès, on le remplace par un bout de tuyau en plomb, muni d'une cannelle en cuivre, que l'on ouvre pour emplir le tonneau et que l'on ferme lorsqu'il est plein.

Il y a des tuyaux en grès de deux diamètres intérieurs; ceux dont le diamètre a 5 centimètres et demi coûtent 68 c. le mètre, tout posés : ci.   68 c.

Ceux qui ont 8 centimètres de diamètre coûtent 75 c. le mètre, également tout posés : ci. .   75 c.

Van. — Ouvrage de vannerie, de la forme d'une coquille à écrémer, muni de deux anses, et qui nous sert à vanner et nettoyer nos graines. Il y a des vans de plusieurs grandeurs; ceux dont nous nous servons coûtent de 3 à 4 fr. Terme moyen, 3 fr. 5o c. : ci. . . . . 3 fr. 5o c.

CHAPITRE VIII.

Des opérations de la culture maraîchère.

OBSERVATION. — Pour éviter les répétitions et les longueurs dans le chapitre X, où nous expliquerons la culture maraîchère dans tous ses détails, nous avons cru devoir donner ici la nomenclature et l'explication de toutes les opérations de culture qui s'exécutent plus ou moins de fois dans le cours d'une année. Ainsi, quand on trouvera, par exemple, dans le chapitre X : on *laboure*, on *terreaute*, on *paille*, etc., si le lecteur ne sait pas ce que sont ces opérations, il en trouvera l'explication dans ce chapitre VIII.

Accot, accoter. — Faire un accot, c'est mettre autour d'une couche une ceinture de fumier court, large de 40 à 50 centimètres et de la hauteur de la couche, bien pressé, pour empêcher le froid de pénétrer dans la couche par les côtés. L'accot diffère du *réchaud* en ce qu'il se fait avec du vieux fumier, tandis que le réchaud se fait avec du fumier neuf, chaud ou qui peut s'échauffer et communiquer sa chaleur à la couche qu'il entoure.

Ados. — L'usage des ados est d'une grande importance dans la culture maraîchère de Paris : c'est par le moyen des ados que nous fournissons à la consommation des laitues pommées en novembre et décembre; c'est sur des ados que, dès octobre et novembre, nous élevons des romaines, des laitues, des choux-fleurs, que nous livrons à la consommation dès le printemps. Nous devons donc expliquer ici, en détail, comment nous formons les ados dans nos marais.

Il est rare que nous puissions faire un ados contre un mur à l'exposition du midi, comme l'indique l'académie; mais, si nous avons un mur qui nous abrite du vent du nord, nous faisons nos ados de préférence, non contre ce mur, parce que le service en serait difficile, mais à une certaine distance au devant de ce mur. A défaut de mur, nous faisons nos ados en plein carré; la seule condition indispensable, c'est que ces ados s'inclinent vers le midi.

Notre usage est de faire nos ados larges de 1 mètre 28 centimètres (4 pieds), afin que nous puissions placer dessus trois rangs de cloches en échiquier : cette largeur est la plus commode pour la perfection du travail. Quand nous voulons faire un ados, nous prenons une bande de terre dirigée de l'est à l'ouest et de la largeur indiquée ci-dessus, et, en la labourant, nous la baissons de 16 centimètres (6 pouces) du côté du midi, et l'élevons de 16 centimètres (6 pouces) du côté du nord; cela donne à l'ados 32 centimètres (1 pied) de pente au midi, et cette pente est celle qui nous semble la plus avantageuse. Le labour étant fait et la terre bien divisée, on prend un cordeau, on le tend sur la crête de l'ados, on en tranche le bord avec une bêche et on le bat avec le dos de la bêche, pour le rendre solide et de manière à former un talus presque vertical au nord de l'ados, et on reverse la terre qui a été retranchée sur le même ados.

Cette opération finie, on prend une fourche à trois dents pour égaliser la terre et briser les mottes de l'ados; on y passe le râteau pour lui donner une surface bien unie avec la pente convenable au midi; ensuite on étend, sur toute la surface, un lit de terreau fin, de l'épaisseur de 3 centimètres; on plombe ce terreau avec le bordoir ou une pelle, et l'ados est fini, il n'y a plus qu'à le planter.

Mais nous faisons presque toujours plusieurs ados les uns devant les autres, et, s'ils étaient près, ils se nuiraient en ce que le côté haut de l'un porterait son ombre sur le côté bas de celui qui serait derrière, et les plantes en souffriraient. Il est donc nécessaire de laisser un sentier large de 96 centimètres (3 pieds) entre chaque ados.

Amender (rendre meilleur). — Quoique ce mot n'exclue aucun des moyens qui peuvent rendre meilleur, les cultivateurs l'emploient pour *rendre la terre meilleure sans y mettre d'engrais.* Ainsi on améliore le sable en y mélangeant une terre argileuse; on améliore l'argile en la mélangeant avec du sable; on rend fertile une terre sèche en l'humectant convenablement, et une terre trop humide en la desséchant jusqu'à un certain point. Enfin il y a des terres qui ne sont stériles que par leur imperméabilité; on les amende en les divisant par des labours et en exposant toutes leurs parties aux influences atmosphériques.

Arroser. — En culture maraîchère, aucune plante ne peut se passer d'arrosement, parce qu'il

faut qu'elle croisse vite et bien; un légume convenablement arrosé conserve sa tendreté, prend
tout son développement, et conserve un aspect
de santé avantageux. Les maraîchers arrosent plus
que les autres jardiniers; aussi ont-ils généralement de plus beaux légumes; nous ne nous servons que de grands arrosoirs à pomme dans nos
marais, et avec eux nous exécutons les bassinages
les plus légers aussi bien que les arrosements les
plus copieux, à la pomme et à la gueule; dans les
marais, on se sert plus souvent du mot *mouiller*
que du mot *arroser*.

Quoiqu'il y ait des légumes qui demandent
plus d'arrosements que d'autres, il n'est pourtant
guère aisé d'établir des règles pour la quantité
d'eau à donner à chaque espèce de plante; on sait
seulement qu'on ne peut pas leur en donner trop
dans les grandes chaleurs accompagnées de
grandes sécheresses; mais dans les autres cas, c'est
la pratique et l'observation qui doivent apprendre
à modérer ou augmenter les arrosements. Ainsi,
au printemps, tant que les gelées tardives sont à
craindre, on doit éviter d'arroser après deux
heures de l'après-midi, afin que l'humidité de la surface de la terre soit assez dissipée pour ne pas
contribuer à augmenter la gelée du lendemain
matin. Dans l'été, on peut arroser toute la journée,
particulièrement le soir, parce que l'eau versée le
soir ne se vaporise pas, qu'elle est tout employée
au profit des plantes, et que plusieurs d'entre elles

croissent plus la nuit que le jour, quand l'humidité ne leur manque pas. Dans l'automne, on ne doit arroser que du matin à deux heures de l'après-midi; plus tard la fraîcheur de l'eau, jointe à celle de la nuit, pourrait ralentir ou arrêter la végétation. Il y a un effet causé par l'arrosement au milieu du jour, que nous expliquerons en traitant de la culture de la romaine.

Nous pensons bien que, si nous n'arrosions pas avec de l'eau froide et crue sortant du puits, que, si nous avions dans nos marais de larges bassins où l'eau prendrait une température plus élevée, elle en vaudrait mieux pour les arrosements; mais l'usage des bassins n'est pas encore introduit dans la culture maraîchère de Paris, et plusieurs difficultés s'opposent à son introduction; d'ailleurs, nous sommes dans la persuasion que notre eau de puits perd de sa crudité dans le trajet qu'elle fait depuis sa sortie du puits jusqu'à ce qu'elle arrive dans nos tonneaux.

Quoique la manière d'effectuer un arrosage ordinaire à la pomme soit assez simple, il ne peut cependant s'apprendre que par la pratique; c'est pourquoi nous n'essayerons pas de le décrire; nous dirons seulement qu'il faut que l'eau tombe d'assez haut et qu'elle ne batte pas la terre.

Arroser à la gueule.—On arrose de cette manière quand, au lieu de répandre l'eau par la pomme de l'arrosoir, on la verse par son ouverture, qu'on appelle ici *gueule:* on arrose ainsi certains gros légumes dont les racines ne tracent pas et qui demandent beaucoup d'eau, tels que choux-fleurs, cardons.

Bassiner. — C'est un arrosage à la pomme, mais qui se fait très-légèrement et de manière à ce que l'eau tombe en forme de pluie fine : pour réussir, il faut élever beaucoup l'arrosoir et le promener vivement. Un bassinage ne fait guère que noircir la terre, et ne la mouille guère que jusqu'à la profondeur de 1 ou 2 centimètres : on bassine particulièrement les semis dont la graine est peu enterrée.

Biner. — C'est remuer la terre jusqu'à la profondeur de 6 à 10 centimètres, entre des plantes, avec une binette, pour faire mourir les mauvaises herbes qui y croissent et s'empareraient de la nourriture destinée aux plantes. Le binage a encore pour bon effet, en soulevant et ameublissant la terre, de la rendre plus propre à s'imprégner des influences atmosphériques et de mieux s'imbiber de l'eau des arrosements.

Border. — Quand on ne met sur une couche ni coffre ni châssis, il faut border la terre ou le terreau qui est dessus, c'est-à-dire élever verticalement la terre ou le terreau en forme de petite muraille, haute de 12 à 16 centimètres (5 à 6 pouces) tout autour de la surface de la couche ; et pour cela on se sert d'un bordoir (*voyez* ce mot), que l'on place de champ sur le bord de la couche, et contre lequel on appuie la terre ou le terreau, de manière à le rendre solide. Quand la

longueur du bordoir est solidifiée, on le fait
glisser un peu plus loin et ainsi de suite jusqu'à
ce qu'on ait solidifié tout le tour de la couche.

Borner. — Terme de maraîcher qui exprime
l'action de bien appuyer la terre avec un plantoir
contre la racine d'une plante, lorsque cette racine est placée dans le trou qu'on lui a préparé
avec le même plantoir. En terme plus général,
c'est raffermir la terre autour des racines d'une
plante que l'on vient de planter.

Bouchonner. — On dit que les melons bouchon-
nent quand, plantés sous cloches, leurs branches
ne peuvent sortir de la cloche pour s'allonger, et
que les feuilles de leurs extrémités restent près à
près comme une sorte de tampon ; cela arrive
quand le froid ne permet pas qu'on les laisse
sortir, ou que l'on oublie de soulever les cloches à
propos. Le bouchonnement contrarie la végétation.

Brouiller. — Si un carré où l'on a passé la ratissoire à pousser contenait beaucoup d'herbe et
que l'on craignît de la voir se rattacher et continuer
de vivre, alors il faudrait la brouiller : pour cela on
prend un râteau que l'on passe sur tout le carré
en tirant et poussant de manière à ramener toutes
les herbes à la superficie, où elles se dessèchent et
meurent en peu de temps.

Butter. — C'est amonceler de la terre autour du
pied d'une plante : on butte sous plusieurs points
de vue ; ainsi on peut butter le pied de l'aubergine, de la tomate, dans la vue de les maintenir

droites et dans celle d'augmenter le nombre de leurs racines pour leur donner plus de vigueur. On butte les pommes de terre dans la vue d'augmenter le nombre de leurs tubercules, ce à quoi on ne parvient pas toujours ; on butte le céleri, les cardes, pour les faire blanchir et les rendre plus tendres, etc.

Charger une couche. — C'est placer dessus la terre ou le terreau nécessaire pour la croissance des plantes qu'on veut y cultiver.

Clocher. — C'est mettre une cloche sur un semis pour favoriser la germination ; sur un pied de laitue, de romaine, de melon nouvellement planté, pour en favoriser la reprise en le mettant à l'abri du vent, du froid. Une *clochée* est ce qui tient sous une cloche.

Coiffer. — Quand la romaine a acquis presque toute sa grosseur, le sommet de ses feuilles se rabat en dedans en forme de capuchon, et tous ces sommets, se recouvrant les uns les autres, cachent le cœur de la plante ; on dit alors *la romaine se coiffe* ou *la romaine est coiffée, la romaine se coiffe bien* ou *se coiffe mal.* Dire *la romaine pomme* ou *se pomme* n'est pas aussi exact que de dire *la romaine se coiffe.*

Contre-planter. — Dans les marais, on n'attend pas toujours qu'une planche soit vide pour la replanter. Quand une planche de romaine, par exemple, est aux trois quarts venue, on contre-plante entre ses rangs d'autres rangs d'escarole ou de chicorée qui remplacent bientôt la romaine.

Couche mère. — Nous nommons ainsi une couche destinée à faire germer des graines, celles particulièrement de nos melons : nous la faisons carrée et lui donnons 1 mètre 65 centimètres sur chaque face et 66 centimètres de hauteur ; nous plaçons dessus un coffre à un seul panneau et la chargeons de terreau, dans lequel nous mettons nos graines en germination, telles que melon, concombre, chicorée, aubergine.

Couche pépinière. — Celle-ci se fait de mêmes largeur et hauteur que la précédente, mais trois fois aussi longue, ou assez longue pour contenir un coffre à trois panneaux. On charge cette couche de terreau et on y repique le plant provenant des graines de melon ou autres qu'on a fait germer sur la couche mère.

Couche d'hiver. — Le nom de cette couche indique qu'elle doit être assez épaisse pour produire une chaleur capable de résister au froid de la saison, avec le secours des accots et de couvertures. Elle se charge ordinairement de coffres, de châssis et de terreau, dans lequel on plante des laitues-crêpes ou petites noires, et où l'on sème des carottes, des radis, etc.; mais, quand on veut y planter des cantaloups, petits prescotts, on met dans les coffres de la terre mélangée de terreau, au lieu de terreau pur. Nous faisons nos couches d'hiver hautes de 54 à 60 centimètres (20 à 22 pouces).

Couche de printemps. — La seule différence de

celle-ci avec la précédente est que, vu le moins de danger de la gelée, on ne la fait épaisse que de 40 à 48 centimètres (15 à 18 pouces).

Couche en tranchées. — Cette sorte de couche est particulièrement employée à la culture des melons cantaloups de seconde saison, sous châssis. On fait d'abord une tranchée large de 1 mètre, profonde de 33 centimètres, et la terre se porte où l'on doit faire la dernière tranchée : on fait une couche haute de 66 centimètres dans cette première tranchée, ensuite on ouvre une seconde tranchée semblable et parallèle à la première, distante de 66 centimètres, et la terre qui en sort se dépose sur la première couche. Quand la couche de la seconde tranchée est faite, on ouvre une troisième tranchée, dont la terre se jette sur la seconde couche et ainsi de suite, jusqu'à la fin, où l'on trouve la terre de la première tranchée pour charger la dernière couche. Les maraîchers de Paris font beaucoup de couches en tranchées pour la culture des cantaloups de seconde saison, qui est celle sur laquelle ils comptent le plus. On pose, au fur et à mesure, des coffres sur toutes ces couches, on étale et ameublit la terre, on place les panneaux, et on plante deux pieds de melons par châssis.

Couche sourde. — Nous croyons devoir adopter ce terme, qui est plus significatif que celui de *couche à cloches* employé dans nos marais. Elle a beaucoup de rapport avec la couche en tranchée, mais elle en diffère 1° en ce que la tranchée n'a que 66 centimètres de largeur ; 2° en ce que la couche est bombée en dessus en dos de bahut ; 3° en ce qu'on y plante les melons sous cloches, au lieu de les planter sous châssis. Ces différences tiennent à ce que, quand on fait les couches sour- des, il ne fait plus aussi froid que quand on a fait les couches en tranchées.

Coup de feu. — On dit qu'une couche est dans son coup de feu quand le fumier qui la compose est parvenu à développer sa plus grande chaleur, et cette chaleur est d'autant plus grande qu'elle a été faite avec du fumier de cheval plus neuf. Le coup de feu se développe trois ou quatre jours après que la couche est chargée, et peut durer cinq où six jours. Un thermomètre plongé à 8 centi- mètres de profondeur dans le terreau d'une cou- che pendant son coup de feu peut marquer jus- qu'à 50 degrés centigrades. En général, on attend que le coup de feu soit passé ou que la chaleur du terreau soit descendue à 30 degrés centigrades pour planter sur une couche neuve ; mais les maraîchers craignent moins le coup de feu que les autres jar- diniers parce qu'ils ont toujours des tas de fumier amassé d'avance depuis deux, quatre et six mois, qui a perdu son feu, mais qui reprend de la cha- leur étant mouillé et mélangé avec du fumier neuf pour faire des couches, et ces couches dévelop- pent une chaleur plus modérée et qui se conserve plus longtemps que dans une couche montée avec tout fumier neuf.

Nous devons faire remarquer ici que le fumier d'auberge est plus chaud que celui de caserne, que celui de chevaux entiers est plus chaud que celui de chevaux hongres, et que nous avons des exemples que la vapeur qui s'échappe du fumier de chevaux entiers a quelquefois tué du jeune plant de melon sous châssis lorsqu'elle y était concentrée ou retenue.

Déclocher. — C'est ôter les cloches de dessus les plantes, quand elles n'y sont plus nécessaires ; le déclochement général se fait ordinairement dans le commencement de juin, quant la saison est devenue suffisamment chaude.

Dédosser. — On dédosse l'ail, l'échalote, l'appétit en séparant les caïeux que ces plantes produisent à leur pied ; et, par extension, le même mot s'applique aussi aux plantes qui pullulent beaucoup du pied, comme la menthe, l'estragon ; on les dédosse en divisant leur grosse touffe en plusieurs petites pour les multiplier.

Défoncer. — C'est labourer la terre deux, trois ou quatre fois plus profondément que dans les labours ordinaires, et cette plus grande profondeur exige qu'on emploie des procédés différents. On défonce, dans le but d'améliorer la terre jusqu'à une certaine profondeur, jusqu'à l'endroit où les racines peuvent s'étendre ; c'est pourquoi on défonce plus profondément où l'on veut planter des arbres qu'où l'on veut cultiver des légumes. Quand le sous-sol est de mauvaise nature, un défonçage peut rendre la terre stérile pour quelque temps en ramenant la mauvaise terre à la superficie; mais nous ne nous exposons jamais à cet inconvénient en culture maraîchère, il faut que notre terrain rapporte de suite et beaucoup. Si un terrain neuf sur lequel nous voulons établir un marais n'a que 3o centimètres de terre végétale et que le sous-sol soit un tuf dur et compacte, nous nous gardons bien de le défoncer; mais, si la terre, sans changer de nature, comme cela arrive souvent, perd de sa fertilité à mesure qu'elle est plus profonde, et qu'elle ait, par exemple, de 6o centimètres à 1 mètre ou plus d'épaisseur, alors nous la défonçons jusqu'à la profondeur de 4o centimètres : si elle nous semble trop légère ou trop sableuse, nous y mêlons du fumier de vache; si elle nous semble trop compacte ou trop argileuse, nous y mêlons du fumier de cheval. Nous savons bien que, pour amender ou améliorer une terre trop forte, trop compacte, le meilleur moyen est d'y mélanger du sable en quantité convenable; mais jusqu'à présent ce moyen n'a pas encore été mis en usage dans la culture maraîchère.

Dans une défonce, on a deux buts principaux : le premier, c'est de ramener les couches inférieures du sol à la superficie, pour qu'elles s'améliorent par les influences atmosphériques, par la culture et les engrais, tandis qu'on remet la couche supérieure améliorée à la place qu'elles occupaient;

le second but est de rendre toute la terre de la défonce plus perméable à l'air, à la chaleur et aux arrosements.

Pour défoncer, on ouvre à la bêche ou à la houe, dans le bout du terrain, une tranchée d'une longueur proportionnée au nombre d'ouvriers employés, large de 50 centimètres, profonde de 40, et on emporte la terre où doit se terminer la défonce; on attaque ensuite une même largeur de terre le long de cette tranchée, on jette la terre supérieure dans le fond, et les couches inférieures de cette nouvelle fouille se placent sur celle qui est déjà dans le fond, en mêlant l'engrais nécessaire dans le milieu de ces couches, à mesure qu'on les pose sur la première. Après cette opération, la première tranchée est remplie, et on en a une autre à côté, que l'on remplit comme la première, et ainsi de suite jusqu'à la fin de la pièce où l'on trouve la terre de la première tranchée pour remplir la dernière.

Dresser une planche, c'est en fixer la largeur et la niveler après qu'elle est labourée. Notre intérêt étant de travailler vite et de perdre le moins de terrain possible, nous faisons nos planches plus larges qu'on ne les fait dans les potagers, et nous avons moins de sentiers. Pour dresser une ou plusieurs planches, il faut avoir sous la main un double mètre ou bâton long de 2 mètres 33 centimètres (7 pieds), un cordeau, une fourche et un râteau. Avec le double mètre, nous fixons la largeur d'une

5

planche, qui, dans nos marais, est toujours de 2 mètres 33 centimètres (7 pieds) avec le cordeau, nous traçons les deux sentiers qui doivent régner de l'un et l'autre côté de la planche ; chaque sentier doit avoir 33 centimètres (1 pied) de largeur, et nous le marquons en le trépignant. Avec la fourche, nous brisons les plus grosses mottes qui sont à la surface de la planche, et avec le râteau, qui, chez nous, tient lieu de herse, nous retirons sur les sentiers les petites mottes qui ne peuvent passer entre ses dents : par ce moyen, nos sentiers sont plus hauts que les planches, et l'eau des arrosements est retenue sur les planches.

Éclaircir. — C'est arracher une partie des jeunes plantes qui se gênent réciproquement pour avoir été semées trop épais. Nous éclaircissons dans trois intentions différentes :

1° Nous éclaircissons nos semis en prenant çà et là du plant pour le repiquer ailleurs ;

2° Nous éclaircissons nos carottes forcées, nos radis en prenant çà et là les plus avancés pour la vente, ce qui fait de la place aux autres ;

3° Nous éclaircissons nos semis d'oseille, d'épinards, quand ils nous paraissent avoir levé trop dru ; dans ce dernier cas seulement, ce que l'on arrache est perdu, mais ce qui reste profite davantage.

Émailler (ôter les mailles). — En termes de jardinage, la fleur femelle du melon s'appelle *maille*, et la fleur mâle s'appelle *fausse fleur*. Les

maraîchers ont observé dans leur culture que,
quand un pied de melon avait un certain nombre
de mailles, elles se nuisaient réciproquement, et
que souvent aucune ne nouait : à force d'examen,
ils sont parvenus à reconnaître la mieux condi-
tionnée de toutes ces mailles, et ils détachent toutes
les autres; c'est cette opération qu'ils appellent
émailler.

Engraisser. — Quand on veut mettre un terrain neuf en marais, on l'engraisse par tous les
moyens connus, s'il en a besoin; mais, une fois en
état d'être cultivé en marais, on n'y met plus d'engrais du dehors; sa fertilité s'entretient par les
terreautages, les paillis et les débris de vieilles
couches. Il ne faut pas même que la terre d'un marais soit trop grasse ou trop fertile; la preuve, c'est
que tous les maraîchers qui font beaucoup de
couches vendent une partie de leur terreau.

Engrais. — On appelle engrais un grand
nombre de substances animales ou végétales
qui, mêlées à la terre cultivable, l'amendent et
la rendent plus fertile; mais les maraîchers de
Paris ne connaissent dans leur culture d'autre
engrais que le fumier de cheval et celui de leurs
lapins, quand ils en ont; et ce fumier, ils l'enterrent très-rarement en nature; ce n'est qu'après
qu'il leur a servi à faire des couches, des paillis,
qu'ils en enterrent les débris. Nous l'avons déjà
dit, ce n'est pas à force d'engrais que nous obte-

nons de beaux légumes, c'est par notre manière de travailler et nos arrosements à propos.

Entre-planter. — C'est planter en même temps deux espèces de plantes. En plantant, par exemple, une côtière en romaine, on laissera deux ou trois lignes vides pour y entre-planter des choux-fleurs.

Empailler les cloches. — Quand les cloches ne sont plus nécessaires dans la culture maraîchère, on les empaille d'abord, ensuite on les met en *route* (*voir* ce mot) : pour les empailler, on commence par se munir de litière douce, sèche et flexible, prise dans un tas de fumier neuf ; ensuite on met une cloche debout ; on lui met un peu de litière sur la tête et sur les côtés ; on fait entrer une autre cloche sur cette garniture en l'appuyant un peu ; on remet un peu de litière sur la tête de celle-ci et une troisième cloche par-dessus. On peut mettre ainsi cinq cloches l'une sur l'autre, et le tout s'appelle un *paquet de cloches ;* il n'y a plus qu'à les mettre en *route* (*voir* ce mot). Mais, en faisant ces opérations, on trouve toujours quelques cloches fêlées ou cassées ; alors on les met de côté, et on les raccommode de cette manière. On prend du blanc de céruse le plus fin ; on le délaye en bouillie épaisse ; on en met sur le bord des morceaux de cloche, on les rapproche et on les fixe avec un ou plusieurs petits morceaux de verre enduits du même blanc, que l'on place sur la cassure. Quand le blanc est sec, la cloche est plus solide qu'auparavant.

Ététer. — C'est couper la tête d'une plante avec les ongles ou avec un instrument tranchant. En culture maraîchère, on n'étête guère que les melons, les concombres et les tomates. On étête les melons quand ils ont deux feuilles, les concombres quand ils en ont de deux à quatre, et les tomates quand les plantes ont environ 1 mètre de hauteur. Il y a quelques vieux jardiniers qui désignent encore l'étêtage des melons par le mot impropre *châtrer.*

Frapper. — Quand un melon est près de mûrir, on s'en aperçoit en ce qu'il change de nuance; sa couleur devient plus pâle, sa queue se cerne; alors il est frappé et bon à cueillir; quelques jours après, il sera bon à être mangé. Ce changement, arrivant du jour au lendemain, du matin à midi, est regardé comme arrivant subitement, ou comme frappant le melon à l'improviste.

Fumer. — C'est enterrer du fumier dans la couche supérieure de la terre pour lui donner la fertilité qu'elle n'a pas ou pour augmenter celle qu'elle a déjà. Ce moyen, nous l'employons, s'il est nécessaire, quand nous voulons établir une culture maraîchère dans une terre qui n'a jamais été cultivée de cette manière; mais, une fois amenée à l'état qui convient à nos cultures, nous n'y enterrons plus de fumier; les débris de nos couches suffisent pour entretenir la fertilité qui nous est nécessaire.

Fumier neuf. — Les maraîchers de Paris n'emploient que du fumier de cheval, provenant des nombreux équipages de la capitale, et les chevaux de ces équipages étant toujours tenus proprement, leur fumier n'est jamais consommé; les maraîchers l'enlèvent au moins une fois par semaine, de sorte qu'ils en amènent, la plupart, d'une à trois voitures par jour, qu'ils placent en meules dans leurs marais, pour s'en servir, l'hiver, à faire des couches. Nous avons reconnu par l'expérience que la vapeur qui s'échappe du fumier de chevaux entiers contient quelque chose de nuisible aux jeunes plantes; nous avons vu des jeunes plants de melon tués par cette vapeur; le fumier des chevaux hongres ne produit pas le même effet.

Mais ce fumier ainsi amoncelé s'échauffe, jette son feu, comme l'on dit, et, après environ un mois, il a perdu sa chaleur, s'est desséché et n'est plus du fumier neuf.

Fumier vieux. — Depuis la fin de mai jusqu'au mois de novembre, les maraîchers de Paris ne font pas de couches, et cependant il continue de leur arriver d'une à trois voitures de fumier neuf par jour, qu'ils empilent en plusieurs meules et dont ils se serviront plus tard. En restant ainsi amoncelé pendant six, cinq, quatre, trois, deux et un mois, il perd sa chaleur et son titre de fumier neuf, et prend celui de fumier vieux.

En novembre, on commence à faire des couches, et comme il arrive journellement du fumier neuf, on réchauffe le fumier vieux en le mêlant par moitié avec le neuf, en l'arrosant s'il est nécessaire, et par ce mélange on obtient des couches dont la chaleur est plus modérée et se prolonge plus long-temps que si elles étaient faites avec tout fumier neuf.

Herser, *râteler*. — Ces deux mots sont synony-mes chez les maraîchers. Nous n'employons ja-mais de herse, mais nous exécutons le hersage avec la fourche et le râteau : ainsi, quand on a la-bouré une planche, dans l'intention de la semer, la superficie de la terre n'est jamais divisée assez finement pour que la graine s'y répande égale-ment. S'il y a de grosses mottes, on commence par les briser avec une fourche, ensuite on y passe le râteau pour achever de briser ce qui a échappé à la fourche, et ramener sur le sentier les petites mottes qui servent à le rendre plus élevé que la planche, ce qui est avantageux pour les arrose-ments en ce que l'eau est empêchée de s'écouler dans le sentier.

Irrigation. — Il serait peut-être économique d'arroser par irrigation plusieurs de nos marais, ceux surtout où l'on ne fait que peu ou point de couches; mais cet usage ne s'est pas encore intro-duit dans la culture maraîchère de Paris.

Jauge. — On appelle ainsi l'espèce de fossé que celui qui laboure doit toujours avoir devant lui entre la terre labourée et celle qui ne l'est pas en-core. La jauge doit être aussi profonde que le la-bour et avoir une largeur d'environ 30 décimètres,

afin que l'ouvrier puisse voir si les bêchées de terre
qu'il renverse continuellement sur l'autre bord de
la jauge se divisent convenablement d'elles-mêmes,
et pour les diviser lui-même à coups de bêche si
elles ne le sont pas assez.

Labourer est pour nous synonyme de *bécher*.
Ce terme signifie remuer et retourner la terre avec
une bêche jusqu'à la profondeur de 18 à 26 centimètres, en ménageant devant soi une *jauge* et re-
versant sa bêche un peu en avant, en la brisant et
la divisant le plus possible en la tenant toujours au
même niveau. Comme on ne peut pas faire un lit
trop doux aux graines et aux racines des plantes,
on doit labourer la terre toutes les fois qu'on a besoin de la semer ou de la planter. Si on laboure par
la grande pluie, le travail ne se fait pas aussi bien, en
ce que la terre se divise mal, qu'elle se met même
en pelotes qui durcissent ensuite et nuisent aux
racines délicates. Si on laboure quand la terre est
croûtée par la gelée, les croûtes qu'on enterre sont
longtemps à dégeler et déterminent dans la terre
des cavités qui ne sont pas moins nuisibles que
des mottes.

Monter une couche. — Les maraîchers de Paris,
faisant beaucoup de couches, sont obligés d'amasser une grande quantité de fumier d'avance, qu'ils
empilent en gros tas ou *meules*, pour s'en servir
au besoin. En novembre, qui est l'époque où l'on
fait les premières couches, tel maraîcher a deux
cents voitures de fumier, amassé successivement,

en quatre ou six meules, depuis le mois de juin jusqu'alors : ce fumier s'est desséché et a perdu son premier feu, en raison du temps qu'il est resté en meule, et s'appelle *vieux fumier;* mais, en le remuant, le divisant, le mouillant et le mélangeant avec du fumier neuf, il reprend de la chaleur. On appelle *fumier neuf* celui qui arrive journellement dans le marais, pendant tout le temps que l'on fait des couches, et qui ne reste pas plus de 15 à 30 jours en meule. Celui-ci n'a pas perdu sa chaleur et réchauffe le vieux fumier avec lequel on le mêle par moitié, plus ou moins, dans la confection des couches.

Monter ou faire une couche sont synonymes, mais le premier terme est plus usité que le second. Quand donc on veut monter une couche sur terre, pour y mettre des panneaux, des châssis ou des cloches, nous conseillons de lui donner toujours la largeur de 1 mètre 65 centimètres (5 pieds). Quant à la longueur, elle est subordonnée au besoin et à l'emplacement. On fiche d'abord quatre petits piquets aux quatre encoignures de la place; on tend un cordeau d'un piquet à l'autre de chaque côté, et on plante quelques piquets dans cette longueur, pour servir de guide d'un côté, et autant de l'autre côté; puis on apporte, dans cet emplacement, une forte chaîne de fumier vieux et à côté une autre chaîne de fumier neuf, que l'on mêle à partie à peu près égale, en commençant par un bout et le posant par fourchée et de la même

épaisseur sur l'emplacement ; on le dépose par lits
toujours égaux, en élevant les bords de la couche
bien verticalement, en appuyant et pressant avec
la fourche chaque fourchée de fumier. Pour rendre
le bord de la couche plus propre et plus solide, on
le monte en *torchées*, c'est-à-dire en fourchées de
fumier pliées en deux et dont on place le dos sur
le bord de la couche. L'ouvrier travaille toujours
en reculant ; il se retourne pour mélanger et prendre le fumier qui est derrière lui , pour le placer
sur la couche qui est devant lui ; enfin l'art de bien
monter une couche consiste à bien mélanger le fumier, à en mettre une égale épaisseur partout, à
le bien tasser, à élever les bords bien perpendiculairement , à prendre garde surtout que quelques
endroits ne s'affaissent plus que d'autres quand on
chargera la couche de terre ou de terreau. Quant
à l'épaisseur ou hauteur qu'une couche doit avoir,
cela est subordonné à la saison et à l'usage qu'on
veut en faire : on fait des couches dont l'épaisseur
varie depuis 40 jusqu'à 66 centimètres (de 15 pouces à 2 pieds); on a égard au degré de sécheresse
ou d'humidité du fumier pour l'arroser, s'il en a
besoin, et l'aider à entrer en fermentation.

Mouiller (synonyme d'arroser). — On se sert
plus souvent du premier de ces termes que du second dans les marais de Paris.

Nouer. — Tant que les mailles ou jeunes fruits
du melon ne sont pas plus gros qu'un œuf de pigeon, ils sont susceptibles de jaunir et de tomber;

mais, quand ils sont parvenus à cette grosseur, s'ils ne doivent pas tomber, on les voit grossir rapidement : alors on dit qu'ils sont *noués*.

Pailler. — C'est couvrir une ou plusieurs planches ou un carré entier d'un lit de fumier court à moitié consommé, épais de 3 à 4 centimètres, le plus également possible, et de manière qu'on ne voie plus la terre. Le paillis a pour effet de tenir la terre humide, de faciliter l'imbibition de l'eau des arrosements, de s'opposer à son évaporation, de céder ses parties nutritives à la terre au profit des plantes; le paillis attirant l'humidité plus que le terreau, on doit ne commencer à l'employer qu'à la fin d'avril.

Pincer. — C'est saisir entre les doigts les aigrettes de certaines graines de la famille des composées, afin d'obtenir les graines pures; dans ce cas, il faut revenir huit ou dix fois à la même plante pour en pincer toutes les graines.

Panneauter, dépanneauter. — Le premier de ces termes signifie mettre les panneaux de châssis sur les couches; le second signifie ôter les panneaux de châssis de dessus les couches quand ils ne sont plus nécessaires : alors on les empile sous un hangar à l'abri de la pluie.

Planter. — C'est mettre les racines d'une plante en terre avec certaines conditions. Les plantations du maraîcher sont des plus simples et des plus aisées; opérant toujours avec de très-jeunes plantes, les difficultés qu'on éprouve à planter de gros arbres ne le regardent pas. D'abord il a soin de plomber, c'est-à-dire d'affaisser la terre où il veut planter, car il sait que la terre veule ou creuse n'est pas favorable à la prompte reprise des plantes. Le maraîcher n'a guère que deux manières de planter, celle à la main et celle au plantoir. La première manière ne se pratique guère que pour les melons, les concombres, les aubergines, les tomates ; la seconde manière s'applique aux autres plantes.

Plomber. — C'est affaisser un peu le terreau ou la terre nouvellement remuée, afin que les graines et les racines des jeunes plantes s'y attachent mieux. Nous remplaçons toujours ce mot par celui de *trépigner* quand nous plombons nos planches. Nous plombons toujours avec le *bordoir* le terreau sous nos châssis, sur nos ados, et quelquefois avec la main quand nous repiquons du très-jeune plant sous des cloches. On plombe une planche nouvellement semée, en la *trépignant* avant de la terreauter ou de la pailler, c'est-à-dire en se promenant dessus à très-petits pas, serrant toujours les pieds de manière à affaisser également toute l'étendue de la planche. Enfin, comme, dans nos marais, nous ne nous servons jamais de cordeau pour tracer les lignes où l'on doit planter des laitues, des romaines, etc., c'est encore avec les pieds, en trépignant, terme de maraîcher, que nous traçons ces lignes.

Pommer. — On dit *les choux pomment, les lai-*

tues pomment, quand à un certain âge les feuilles intérieures de ces plantes s'appliquent fortement les unes contre les autres et forment une tête compacte, arrondie, ovale ou conique. Les feuilles enfermées, privées d'air et de lumière, sont alors blanches, plus tendres et meilleures, selon notre goût.

Rabattre l'air. — C'est abaisser en partie ou entièrement les châssis ou les cloches qui étaient soulevés d'un côté, pour que les plantes qu'ils renferment ne soient plus frappées par l'air.

Ratisser. — Nous employons les deux sortes de ratissoires connues dans nos marais, celle à tirer et celle à pousser : la première nous sert à ratisser ou couper par la racine les mauvaises herbes qui croissent dans nos sentiers ou autres parties dures ; l'autre nous sert, avec beaucoup d'économie de temps, à couper entre deux terres les mauvaises herbes qui croissent dans les plantations de gros légumes, tels que choux, cardons, tomates ; cette ratissoire a encore l'avantage de remuer la terre à la profondeur de 1 ou 2 centimètres, de l'empêcher de croûter ou de durcir, et lui conserve sa faculté attractive.

Réchaud, *réchauffer.* — Un réchaud se fait en entourant une couche de fumier neuf bien pressé, de la largeur de 40 à 60 centimètres et de la hauteur de la couche. Il diffère de l'accot en ce qu'il se fait avec du fumier neuf, chaud ou qui peut

s'échauffer, réchauffer ou entretenir la chaleur de
la couche.

Retirer l'air. — *V.* rabattre l'air.

Retourner une couche. —Il y a une ellipse dans
cette phrase familière aux maraîchers de Paris ; il
faudrait dire, pour rendre leur pensée, *retourner
le terreau d'une couche.* En effet, quand une couche est vide, on laboure, on *retourne* le terreau
seul pour y planter d'autres légumes, mais on ne
retourne pas la couche.

Retransplanter, rechanger. —Quand les mois de
novembre et décembre sont doux, les plants qui
sont sous cloches, sur les ados, grandissent trop
vite, et, pour arrêter leur croissance, on les dé-
plante pour les replanter sur d'autres ados, en leur
donnant un peu plus d'espace ; cette *retransplan-
tation* les retarde d'une quinzaine de jours.

Route (*mettre des cloches en route*). — Cette
expression n'est peut-être pas très-juste, et celle
de mettre les cloches en ligne conviendrait probablement mieux ; mais elle est consacrée dans nos
marais, et nous n'avons pas mission de la changer.

C'est ordinairement dans le commencement de
juin que les cloches ne sont plus nécessaires,
et qu'après les avoir empaillées on les met en
route, où elles restent jusqu'en octobre, époque
des semis sur ados. Il est donc question de mettre
à l'abri deux ou trois mille cloches pendant ces
trois ou quatre mois ; pour cela on choisit dans le
marais un endroit dont on n'a pas un pressant be-

soin et à l'abri des chocs extérieurs ; on y étale un lit de fumier non consommé, large de 80 centimètres, épais de 16 centimètres et d'une longueur relative au nombre de cloches que l'on a à y placer. On apporte les cloches déjà empaillées par paquets ; on couche un paquet sur le lit de fumier en commençant par un bout ; après, on met un peu de litière dans la cloche du bas du premier paquet, l'on y enfonce la tête de la dernière cloche du deuxième paquet, et ainsi de suite ; on place, de cette manière et dans le même sens, deux rangs de cloches, en ayant soin de mettre de la litière assez épais entre les deux rangs : quand ces deux rangées sont faites, on met par-dessus un lit de litière épais de 15 centimètres, sur ce lit on place un troisième rang de cloches qui pèse entre les deux premiers, et on couvre le tout de grande litière et assez épais pour que l'eau des pluies ne pénètre pas jusqu'aux cloches, car, si elle pénétrait, la paille s'attacherait aux cloches, et elles pourraient se casser quand on voudrait les retirer.

Saison. — Pour le maraîcher, saison veut dire *récolte.* Si un semis, une plantation ne réussit pas, il dira : *J'ai perdu une saison;* s'il fait quatre récoltes dans une planche en deux mois, il dira : *J'ai fait quatre saisons en deux mois dans cette planche.*

Sarcler, ésherber. — Ces deux termes sont à peu près synonymes quant à leur fin. Sarcler, c'est gratter un peu la terre avec un sarcloir, petit instrument en forme de serpette, et couper la racine des mauvaises herbes en ménageant celle des bonnes ; ésherber, c'est arracher à la main les mauvaises herbes qui croissent parmi les bonnes. On ne sarcle et on n'ésherbe que dans les herbages semés dru, tels que l'oseille, le persil, les épinards, où la binette ne pourrait être employée sans inconvénient : ce sont toujours les femmes et les enfants qui ésherbent et sarclent dans les marais, et ils font ces opérations le plus souvent en cueillant ces mêmes herbages.

Semer. — C'est confier des graines à la terre, afin qu'elles germent et se développent en plantes. Le maraîcher de Paris plombe ou affaisse toujours la terre où il veut semer des graines, parce que les racines s'y établissent mieux que dans une terre veule ou creuse. Il sème dru ou clair, selon son point de vue : clair, si le plant doit rester en place ; dru, si le plant doit être replanté. Quant à la profondeur à laquelle les graines doivent être enterrées, le maraîcher suit la règle établie à ce sujet.

Sentier. — La nécessité qu'il y a pour nous de ne laisser aucun lieu inculte dans nos marais fait qu'on n'y trouve jamais aucune allée qui en mérite le nom. Des sentiers larges de 33 centimètres (1 pied) nous suffisent, et nous ne ménageons de place vide que pour nos dépôts de fumier.

Tapisser. — Quand des melons plantés sous châssis commencent à allonger leurs bras, on couvre toute la terre ou le terreau, sous les châssis, d'un paillis, pour entretenir la terre fraîche et que les branches du melon ne la touchent pas ; cette opération s'appelle *tapisser*.

Terreauter. — C'est répandre sur une planche semée, ou sur une planche que l'on se propose de planter, un lit de terreau fin de l'épaisseur de 12 à 15 millimètres. On terreaute de deux manières : 1° en lançant le terreau obliquement sur la terre : il faut de l'habitude et de l'adresse pour le répandre partout de la même épaisseur ; 2° on dépose le terreau par petits tas de distance en distance sur la planche, et avec une pelle ou un râteau on le répand le plus également possible. Le terreautage a pour effet d'empêcher la terre de se dessécher, de se fendre ou crevasser, et enfin de céder ses parties nutritives à la terre lors des arrosements ; comme il attire moins l'humidité que le paillis, on terreaute jusqu'à la fin d'avril, époque où les gelées tardives ne sont plus guère à craindre.

Torchée, faire une torchée. — Pour faire une torchée, on prend une fourchée de fumier ; on la plie en deux et on l'applique le dos en dehors sur le bord d'une couche en montant. Tout le tour d'une couche isolée doit être fait en torchée, afin de pouvoir s'élever perpendiculairement sans bavures.

Tourner. — Mot employé seulement en parlant des oignons quand se détermine le renflement qui se fait à leur base. Quand ce renflement s'opère

bien et à temps , on dit : l'*oignon tourne bien ;*
quand il s'opère mal , on dit : l'*oignon tourne mal*
ou *ne tourne pas.* Les grandes pluies empêchent
l'oignon de tourner et le font rester en ciboule.

Tracer. — C'est faire des lignes dans le sens de
la longueur d'une planche pour y semer ou planter des légumes. Les maraîchers de Paris ne se
servent ni de cordeau , ni de traçoir , ni de bâton
pour tracer ces lignes ou sillons qu'ils appellent
rayons ; ils les tracent avec les pieds en marchant
régulièrement, les pieds écartés de manière à faire
deux rayons à la fois. Cette manière a l'avantage ,
outre l'économie de temps , de plomber la terre
où l'on doit semer ou planter , avantage qui n'est
pas toujours senti par les autres jardiniers.

CHAPITRE IX.

Des habitudes et manière d'être des maraîchers de Paris.

Parler des jardiniers-maraîchers , c'est parler
de nous-mêmes; or il est assez difficile de parler
de soi quand on a du bien et beaucoup de bien
à en dire : cependant, la nature de notre ouvrage nous obligeant à dire les habitudes et les
mœurs des maraîchers , nous allons les dire fran-

chement, en nous effaçant personnellement autant qu'il nous sera possible.

Les maraîchers de Paris forment la classe de travailleurs la plus laborieuse, la plus constante, la plus paisible de toutes celles qui existent dans la capitale. Quelque dur, quelque pénible que soit son état, on ne voit jamais le maraîcher le quitter pour en prendre un autre. Les fils d'un maraîcher s'accoutument au travail, sous les yeux et à l'exemple de leur père, et presque tous s'établissent maraîchers. Les filles se marient rarement à un homme d'une autre profession que celle de leur père.

Quoique le métier soit très-dur, le maraîcher s'y attache; quelque multipliées que soient ses fatigues et ses veilles, elles ne lui paraissent jamais trop pénibles; quand même l'inclémence des saisons vient contrarier ses projets, il se flatte d'être plus heureux un autre fois; il ne désespère jamais de la Providence.

Nous sommes persuadés même que c'est à la confiance qu'ils ont en la Providence que les maraîchers de Paris doivent la tranquillité, le bon accord qui existent parmi eux. Les ressorts qui font remuer les passions chez les autres hommes leur sont inconnus; leur seule ambition, à eux, est de chercher les moyens d'arriver les premiers à porter des primeurs à la halle : une telle ambition ne troublera certainement jamais la sûreté publique.....

Il s'en faut de beaucoup que la classe maraîchère reste routinière et stationnaire, comme on le croit

généralement. Les maraîchers suivent les progrès,
les perfectionnements du siècle; leur bien-être,
leur aisance s'augmentent en raison de l'étendue
de leur intelligence et de la justesse de leur rai-
sonnement.

Il y a à peine quarante ans, les maraîchers
étaient mal logés, mal vêtus; ils se nourrissaient
mal; ils portaient, presque tous, sur leur dos, les
légumes à la halle; ils tiraient l'eau de leur puits
à la corde et à force de bras. Aujourd'hui les marai-
chers sont mieux vêtus, ils se nourrissent mieux,
ils ont, presque tous, un cheval et une voiture pour
mener les légumes à la halle et amener les fumiers;
au lieu de tirer l'eau à force de bras, les maraîchers
ont généralement un manége ou une pompe qui
fournit de l'eau en abondance.

Mais, si le maraîcher a amélioré son existence,
s'il se nourrit mieux, s'il est mieux vêtu qu'autrefois, si même il est devenu propriétaire de son marais, c'est qu'il travaille plus, qu'il travaille mieux,
et surtout avec plus d'intelligence qu'autrefois. Le
maraîcher, en effet, pendant sept mois de l'année,
travaille dix-huit et vingt heures sur vingt-quatre,
et, pendant les cinq autres mois, ceux d'hiver, il
travaille quatorze et seize heures par jour, et, bien
souvent encore, il se lève la nuit pour interroger
son thermomètre, pour doubler les couvertures
des cloches et des châssis qui renferment ses plus
chères espérances, son avenir, qu'un degré de gelée
peut anéantir.

Depuis vingt et trente ans, l'intelligence des maraîchers s'est particulièrement portée vers les moyens de forcer la nature à produire, au milieu de l'hiver, au milieu des frimas, ce que, dans sa marche ordinaire, elle ne produit que dans les beaux jours du printemps ou de l'été, et c'est en cela que la science des maraîchers de Paris est devenue véritablement étonnante. Dès le mois de novembre, et souvent dès octobre, ils fournissent à la consommation des asperges blanches et presque toute l'année des asperges vertes ; en janvier, des laitues pommées en abondance; en février, des romaines; en mars, des carottes nouvelles, des raves, des radis et du cerfeuil nouveau, des fraises, etc. ; en avril, des tomates, des haricots, des melons, etc.

Avant l'introduction des cultures forcées dans les marais de Paris, la classe maraîchère, toujours respectable d'ailleurs par son utilité et la pureté de ses mœurs, ne jouissait que d'une faible considération : un maraîcher alors n'était guère recherché en dehors de sa classe; aujourd'hui il n'en est plus ainsi; le maraîcher qui a la réputation d'être habile dans la culture des primeurs voit souvent un équipage à sa porte et des personnes, considérables par leur rang et leur fortune, en descendre pour causer avec lui, considérer son travail, étudier auprès de lui la pratique, et lui demander des avis ou des renseignements pour les transmettre à leur jardinier.

Nous nous abstenons ici de développer ce que

la classe maraîchère doit gagner à ces communications, nous nous bornons à désirer qu'elles deviennent de plus en plus fréquentes.

Un établissement maraîcher, comme beaucoup d'autres, ne peut guère prospérer sans femme : si l'homme cultive le marais et le fait produire, la femme seule sait tirer parti de ses productions; aussi un jeune maraîcher qui cherche à s'établir commence-t-il par se marier. L'un reçoit le titre de maître, l'autre celui de maîtresse. S'ils ne reçoivent pas en dot un marais tout monté, les commencements sont durs pour l'un et pour l'autre; car, quelle que soit l'exiguïté d'un marais, les premières dépenses sont considérables : il faut qu'ils prennent des gens à gages; il faut les nourrir et les coucher, ce qui n'exempte pas le maître et la maîtresse d'être les premiers et les derniers à l'ouvrage; il faut qu'ils se montent en coffres, châssis, cloches; il faut enfin faire un amas considérable de fumier, et ce n'est que quand ils ont tout cela à discrétion et sous la main que nos jeunes maraîchers peuvent travailler avec l'espoir de quelque profit. Mais l'amour du travail est tellement inhérent à la classe maraîchère et le travail lui-même, quoique violent et prolongé, est apparemment si salutaire, qu'on voit rarement un jeune établissement ne pas prospérer.

Le maître maraîcher est toujours à la tête de ses garçons et la maîtresse à la tête de ses femmes de journée : tandis que les hommes labourent, plantent, arrosent, font des couches, placent des cloches, des châssis, les femmes sont dans une activité continuelle; elles ésherbent, elles cueillent l'oseille, le cerfeuil, les épinards, les mâches, elles arrachent les laitues, elles lient les romaines, etc.

Si leur part dans un marais semble moins pénible que celle des hommes, elle est peut-être bien moins saine; car les femmes sont, par leurs travaux, une partie de la journée, à genoux ou à moitié couchées sur la terre souvent humide, et il en résulte fréquemment pour elles des fraîcheurs plus ou moins douloureuses.

Dans les soirées, tandis que les hommes travaillent dehors encore bien avant dans la nuit, les femmes préparent et montent les voies, les hottes, les mannes et les mannettes pour la halle du lendemain. C'est ici, c'est dans la préparation et l'arrangement des légumes, que le goût et l'adresse de la maîtresse se montrent supérieurs au goût et à l'adresse du maître.

Le lendemain, à deux heures du matin en été, à quatre heures en hiver, tout le monde est debout : la maîtresse part pour la halle avec sa voiture de marchandises, aidée de la fille ou d'un garçon. Si c'est dans le temps où certains légumes sont abondants, comme les choux-fleurs, les melons ou autres, dans la même nuit on lui en renvoie une ou deux autres voitures.

C'est à la femme que sont confiés les intérêts de la vente; par la même raison, tout l'argent des

ventes, pendant toute l'année, passe nécessairement par ses mains. Il faut donc, pour que l'établissement prospère, que le maraîcher ait une
entière confiance en sa femme et que celle-ci n'en
abuse jamais. La simplicité, la pureté des mœurs
de la classe maraîchère, le désir constant de faire
honorablement ses affaires, sont un garant suffisant contre tout ce qui pourrait troubler l'harmo-
nie du ménage.

Les maraîchers font tous donner l'éducation pri-
maire et les principes de la religion à leurs enfants:
dès qu'ils peuvent manier la bêche, les enfants
alternent l'étude avec le travail; à l'âge de douze
ans, le père, pour les encourager, leur abandonne
un coin de terre où ils cultivent pour eux ce qui
leur paraît le plus profitable. Là ils font usage de
leur jeune expérience, ils s'aident de ce qu'ils ont
vu faire et de ce qu'ils ont fait eux-mêmes pour le
compte de leur père, et comme, pendant que leur
plantation croît et grandit, ils entendent toujours
parler d'économie par leur père et leur mère, ils
s'accoutument à ne pas dépenser inutilement le
produit de la vente de leur petite culture, et c'est
ainsi qu'aujourd'hui beaucoup d'enfants de maraîchers, de l'âge de treize à quinze ans, ont déjà
des économies placées à la caisse d'épargne.

Dans un établissement maraîcher, tout le monde
se levant avant le jour, on mange à sept heures
du matin, en travaillant; on déjeune à dix heures;
on dîne à deux heures; on soupe de huit à dix

heures du soir, selon les saisons. Le maître et la maîtresse, les enfants, la fille et les garçons à gages mangent ensemble à la même table. Le respect et la décence y sont rigoureusement observés; jamais on ne profère aucun propos équivoque ou inconvenant devant les enfants; aussi les garçons contractent-ils l'habitude d'être réservés dans leurs paroles et s'abstiennent-ils des excès que l'on blâme avec raison chez les ouvriers des autres classes. Le maître ne prend jamais un ton de hauteur sur ses garçons, il se rappelle qu'il a été garçon lui-même. Son autorité ne se fait remarquer que dans la direction des travaux et pour que chaque chose soit faite à propos.

Nous ne connaissons pas de rivalité jalouse; nous ne connaissons qu'une vive, une louable émulation; nous nous portons réciproquement un véritable intérêt, une amitié franche.

Trop nombreux pour nous réunir tous ensemble, chaque année, pour fêter notre patron *saint Fiacre*, nous nous divisons en plusieurs confréries. Au moyen d'une cotisation, chaque confrérie fait orner et décorer son église. Le parfum des fleurs s'y mêle à celui de l'encens. On chante une messe en musique; le prêtre appelle les bénédictions du ciel sur les travaux des jardiniers.

Après la cérémonie de l'église, chaque confrérie se réunit à un banquet, souvent suivi d'un bal, mais qui cesse aussitôt l'heure du départ pour la halle.

Une gaieté franche préside toujours à ces fêtes ; on n'y voit jamais aucun désordre, aucun excès : les jardiniers nomment entre eux des commissaires pour veiller au bon ordre, et rarement ces commissaires ont besoin de faire usage de leurs pouvoirs.

Jamais on ne voit ni vieux maraîchers ni vieilles maraîchères avoir recours à la charité publique, comme on en voit tant d'exemples dans beaucoup d'autres classes. Ce n'est pas, cependant, que tous les maraîchers et maraîchères puissent se mettre à l'abri des besoins sur leurs vieux jours; mais ils sont tellement accoutumés à travailler, qu'ils ne conçoivent pas qu'on puisse vivre autrement que par le travail : ainsi, ceux qui n'ont pu faire d'économies, qui n'ont pas de famille ou qui ont éprouvé des malheurs, et qui n'en éprouve dans la vie! vont, pour un faible salaire, offrir leurs services à leurs confrères plus heureux, et ceux-ci vont toujours au-devant d'eux, et toujours se font un devoir de les accueillir et de les occuper selon leurs forces.

CHAPITRE X.

Culture maraichère à Paris, mois par mois.

Nous voilà enfin arrivés à la partie la plus importante de notre travail, à celle qui n'a jamais été traitée spécialement par aucun homme du métier, c'est-à-dire par aucun jardinier-maraîcher : si quelques auteurs en ont parlé, ils n'ont pu le faire qu'incomplétement et en l'assimilant à la culture potagère dont elle diffère considérablement dans sa manœuvre, dans ses moyens et dans ses résultats. De toutes les différences entre ces deux cultures, nous ferons seulement remarquer celle-ci, c'est que, dans la culture potagère, les légumes coûtent la plupart plus cher qu'on ne les achèterait au marché, et que, dans la culture amraîchère, il faut de toute nécessité que nos légumes nous coûtent moins cher que nous ne les vendons.

Avant de commencer, il est nécessaire que nous fassions quelques observations importantes, afin qu'on ne se trompe pas sur le plan que nous avons suivi dans cet ouvrage.

1° La culture maraîchère de Paris ne comporte pas la culture de tous les légumes connus dans les jardins; il y en a même d'estimés que nous ne cultivons pas, par la seule raison que le terrain est trop cher dans Paris et que nous ne pourrions jamais les vendre avec bénéfice.

2° Nous ne cultivons pas certains légumes, parce qu'ils ne sont pas du goût général et que leur vente est incertaine ; c'est pour cette raison que nous ne cultivons plus la patate, que nous ne cultivons pas le pê-tsaie ni la baselle. Si un jour, le goût changeant, ces légumes viennent à être recherchés à la halle, alors nous les cultiverons.

3° Quoique nous ne devions traiter, dans cet ouvrage, que la culture maraîchère, telle qu'elle se pratique à Paris, nous ne négligerons pourtant pas de parler aussi de certains légumes que nous ne cultivons pas habituellement, par la raison que les terrains sont trop chers dans Paris ; mais nous le ferons avec moins de détails qu'en parlant de notre propre culture.

4° Il aurait peut-être paru naturel à plusieurs personnes que nous commençassions notre *Manuel* par le mois de janvier, mais nos travaux ne s'accordent pas avec l'année solaire ; nous allons plus vite que les saisons dans l'hiver. Quand le soleil revient échauffer notre hémisphère, nous avons déjà plusieurs légumes qui n'ont pas attendu son retour pour croître, se perfectionner et devenir propres à la consommation.

Quoique nos travaux n'aient, pour ainsi dire, ni commencement ni fin, il y a pourtant une époque où nous commençons à travailler par prévision éloignée, et cette époque est le mois d'août ; c'est alors que commence vraiment l'année horticole pour les maraîchers de Paris, et nous croyons agir naturellement en commençant notre *Manuel pratique de la culture maraîchère* par le mois d'août, et en le continuant mois par mois jusqu'au mois de juillet inclusivement de l'année suivante.

D'ailleurs cette marche nous était tracée par le programme de la Société royale et centrale d'agriculture, et nous ne devions pas nous en écarter.

5° Dans la vue d'éviter les répétitions en expliquant la culture maraîchère, nous avons donné par ordre alphabétique la définition de toutes nos opérations dans le chapitre VIII. Ainsi, quand, par exemple, nous dirons : *on laboure, on dresse, on monte une couche, on borde*, etc., nous ne répéterons pas l'explication de ces opérations, puisqu'on les aura déjà lues ou qu'on pourra les lire dans le chapitre indiqué.

6° Nous avons encore une double observation à faire, c'est que le même légume peut se semer ou planter dans plusieurs saisons différentes, c'est que nous cultivons des genres qui contiennent plusieurs espèces qui exigent d'être semées et plantées à des époques très-éloignées : or, si nous avions décrit rigoureusement notre culture mois par mois, nous eussions été obligés de répéter à peu près la même chose dans plusieurs mois, par conséquent à des pages quelquefois très-éloignées les unes des autres, ce qui obligerait celui qui voudra bien nous lire à des recherches aussi fatigantes que fastidieuses. Pour éviter cet inconvénient, quand un genre de légume aura plusieurs espèces, nous les

traiterons toutes immédiatement après la première.
Ainsi, quoique les divers choux se sèment ou puissent se semer pendant sept ou huit mois de l'année, nous les traiterons tous en même temps à la
suite les uns des autres, en ayant soin d'indiquer
à chaque espèce l'époque où il faut la semer et
la planter.

AOUT.

OIGNON.

Plante de la famille des *liliacées* et du genre
Allium. Elle se compose d'un plateau qui produit
des racines en dessous et des feuilles en dessus;
ces feuilles engaînantes et très-charnues à la base
forment en cette partie un globe plus ou moins
aplati appelé *oignon*, tandis que leur partie supérieure, toujours fistuleuse ou creuse, terminée
en pointe, s'allonge de 25 à 40 centimètres. Au
temps de la fleuraison, il s'élève du centre de ces
feuilles une hampe ou tige, haute d'environ 1 mètre, terminée par une tête de fleurs blanchâtres
auxquelles succèdent des capsules qui contiennent
les graines. L'oignon et les jeunes feuilles sont les
parties comestibles.

OIGNON BLANC OU DU PRINTEMPS.

CULTURE. — L'oignon blanc se sème du 15 au

25 août ; semé plus tôt , il pourrait monter. Pour faire cette opération, on laboure et on dresse une planche , on y sème la graine très-dru , on l'enterre en hersant convenablement la terre avec une fourche à trois dents qui sert en même temps à briser les mottes ; quand la graine est suffisamment enterrée ou cachée , on plombe la planche avec les pieds , ensuite on y passe le râteau pour en unir la surface ; enfin on terreaute, c'est-à-dire qu'on répand sur toute la planche environ 1 centimètre 50 centimètres d'épaisseur de terreau fin. Après cette dernière opération, on donne une bonne mouillure, afin de bien attacher la graine à la terre et la tenir humide, et, si le temps est sec, on donne d'autres petites mouillures tous les deux jours.

La graine d'oignon blanc lève ordinairement en sept ou huit jours. Si de mauvaises herbes poussent à mesure que le plant grandit, on les arrache à la main.

De la fin d'octobre à la mi-novembre, le plant doit avoir atteint la hauteur de 16 à 19 centimètres (6 à 7 pouces) ; alors on laboure et on dresse une autre planche , on la terreaute, et on repique le plant d'oignon de la manière suivante : on soulève le plant en passant obliquement une bêche dessous , on le tire de terre , on lui coupe les racines à la longueur de 1 centimètre 50 millimètres et le bout des feuilles , et, quand on en a préparé ainsi une certaine quantité, on prend un plantoir à pointe émoussée , on fait un trou de la profondeur de 3 centimètres (1 pouce) , on y place un

plant debout, et avec le même plantoir on le serre
bien avec de la terre de côté. Cette dernière opération sert à bien fixer le plant à la terre et s'appelle
borner; elle a pour effet d'empêcher le plant d'être
couché par les lombrics ou vers de terre, qui en
attirent les feuilles dans leurs trous, de faciliter sa
reprise et de le mettre en état de mieux résister aux
gelées. La distance entre chaque plant dans une
planche repiquée doit être de 8 à 10 centimètres.

L'oignon blanc ne craint pas la gelée; il supporte les hivers les plus rigoureux, mais il craint
les faux dégels. Celui que l'on a repiqué ou planté
en novembre peut être bon à vendre du 1er au
15 mai suivant. On peut aussi laisser le jeune
plant passer l'hiver dans la planche où il a été
semé, et ne le repiquer que quand les grandes
gelées sont passées.

Quand, dans le courant de mai, l'oignon blanc
est devenu gros à peu près comme un œuf de
poule, on l'arrache, on le met en bottes et on
l'envoie à la halle; mais les maraîchers qui ont
beaucoup de terrain en laissent une partie tourner, grossir et mûrir, parce que l'oignon blanc,
étant moins gros et plus doux que l'oignon rouge,
est plus recherché dans les bonnes maisons.

Dans les terres légères et sèches, l'oignon demande de fréquents arrosements quand le temps
se met à la sécheresse; dans les terres grasses, il
ne faut pas trop le pousser à la mouillure, parce
qu'il pourrait *tourner au gras*, c'est-à-dire fondre
ou pourrir.

Dans les potagers, où l'on a coutume d'enterrer beaucoup de fumier, on conseille de ne pas planter l'oignon sur une fumure; mais, comme les maraîchers n'enfouissent jamais de fumier, nous n'indiquons pas cette précaution pour nos marais.

PETIT OIGNON BLANC.

CULTURE. — Le petit oignon blanc n'est ni une espèce ni une variété différentes; c'est la même espèce que la précédente, tenue plus petite par une culture différente. Au lieu de le semer en août et de le repiquer en novembre, on le sème depuis février jusqu'en juin, et on ne le repique pas. Quant aux labour, dressage, plombage et terreautage, c'est la même chose que ci-dessus; mais on sème plus clair, parce que le petit oignon ne se repiquant pas, il lui faut de l'espace pour se former ou *tourner* sur place. Si le terrain est sec, il faut d'autant moins ménager la mouillure que la saison dans laquelle on la fait est plus chaude; cependant il ne faut pas trop d'eau aux oignons, car, dans les années pluvieuses, ils ont de la peine à tourner, et la plupart restent en ciboule. Le petit oignon blanc est fort recherché par les restaurateurs et les cuisiniers de bonne maison; nous l'arrachons et le vendons par bottes, quand il est gros comme une noix et même plus petit, aussitôt que *sa queue* (c'est-à-dire ses feuilles) com-

mence à se faner : 5oo grammes (1 livre) de graine
d'oignon suffisent pour semer 112 mètres superficiels.

OIGNON ROUGE.

Les maraîchers de Paris ne cultivent pas l'oignon rouge ni aucune de ses variétés, parce qu'il
est d'un faible prix , et que le loyer de nos marais
est très-élevé : quoique nous ne le cultivions pas ,
nous allons pourtant en dire quelques mots.

Dans les potagers, l'usage est de profiter de
quelques beaux jours, à la fin de février ou au
commencement de mars, pour semer l'oignon rouge
sur une plate-bande abritée, et quand le plant est
assez fort, en avril et mai, de le repiquer en terre
fumée l'année précédente, à 13 ou 16 centimètres de
distance ; on le bine, on le sarcle, on l'arrose pendant l'été ; si en septembre il ne tourne pas assez
vite, on abat les feuilles avec le dos d'un râteau
pour le faire mûrir ; quand on le juge mûr, on
l'arrache, on le laisse sécher sur place si le temps
est beau ; s'il pleut, on l'étend sur une allée dure,
et, quand il est sec, on le serre à l'abri de la gelée
pour l'hiver.

On sème aussi l'oignon rouge en plein carré,
pour le laisser mûrir en place dans les potagers :
celui-ci ne vient pas aussi gros ; mais il est ordinairement plus plein , plus ferme, et on l'estime
mieux pour beaucoup d'apprêts culinaires.

CIBOULE.

Plante de la même famille et du même genre que l'oignon, duquel elle ne diffère qu'en ce qu'elle ne se renfle pas à la base et ne forme pas d'oignon proprement dit : elle a d'ailleurs la même saveur, mais à un moindre degré, et ne s'élève pas aussi haut.

CULTURE. — La ciboule se sème, depuis la fin de février jusqu'à la fin de mars, dans une terre labourée, hersée, plombée et terreautée absolument comme pour l'oignon ; et, comme la ciboule que nous cultivons ne doit pas être repiquée, sa graine se sème aussi clair que celle du petit oignon blanc.

C'est ordinairement dans des planches de 2 mètres 53 centimètres de largeur que nous semons la ciboule, et comme dès le mois de mars nous plantons déjà de la romaine en pleine terre, quand la graine de ciboule est semée et terreautée, nous plantons dans la même planche huit à neuf rangs de romaine, laquelle romaine, poussant ses feuilles droit ou presque verticalement, n'empêche pas la ciboule de pousser. On mouille l'une et l'autre convenablement, on tient la planche propre, et la romaine est bonne à être envoyée à la halle avant que la ciboule soit à moitié venue, c'est-à-dire vers le 20 mai, environ deux mois après sa plantation. Vers le 20 juillet, la ciboule est grosse à peu près comme le petit doigt : alors on commence à l'arracher, on la met par bottes à emplir les deux mains, et on l'envoie à la halle.

Telle est la manière de cultiver la ciboule chez les maraîchers de Paris ; mais dans les potagers on la laisse plus longtemps en place, et chaque plante forme plusieurs caïeux qui font touffe au printemps ; on arrache ces caïeux, on les replante un à un, et chacun d'eux refait une nouvelle touffe de ciboule ; de sorte qu'on n'a pas besoin d'en semer de la graine chaque année.

CIBOULETTE, CIVETTE, APPÉTIS.

Plante de la même famille et du même genre que l'oignon : elle est vivace, très-menue, et ne s'élève qu'à la hauteur de 10 à 15 centimètres : son principal usage est d'entrer dans les fournitures de salades.

CULTURE.—Cette plante, étant d'un usage assez restreint, tient fort peu de place dans la culture maraîchère : comme elle est vivace et pullule beaucoup, quand on en possède quelques pieds, on néglige d'en recueillir les graines et de les semer, parce qu'en en *dédossant* les vieilles touffes on trouve du plant suffisamment pour faire une nouvelle plantation ou augmenter celle que l'on possède déjà. Les appétis n'aiment pas le grand soleil : on les plante ordinairement en bordure, à l'ombre ou demi-ombre, en terre substantielle et fraîche, où ils ne demandent d'autre soin que d'être nettoyés des mauvaises herbes pendant quatre ou six ans ; après quoi, on les replante de nouveau, soit en ligne pleine ou par petites touffes : quand on en a besoin, on coupe leurs petites feuilles, qui sont comme des alênes, à fleur de terre, et il en repousse d'autres ; ils ne craignent pas les plus fortes gelées.

ÉPINARD.

Plante de la famille des chénopodées, annuelle, haute de 3o à 6o centimètres, rameuse, à feuilles simples, hastées : les fleurs sont petites, dioïques, verdâtres ; le fruit est formé du calice endurci et contenant une seule graine. En horticulture, le fruit est pris pour la graine : on en distingue de deux sortes ou variétés ; les feuilles seules sont comestibles.

ÉPINARD A GRAINE RONDE OU ÉPINARD DE HOLLANDE.

Culture. — Cet épinard se sème du 20 au 3o août ; il ne doit pas être semé dru. Un litre de graine suffit pour semer 224 mètres superficiels. Les planches où on doit le semer ne se labourent pas profondément, parce que la racine de l'épinard aime à rencontrer la terre ferme : quand la graine est semée à la volée, on la herse et on l'enterre avec une fourche, puis on la plombe

avec les pieds, on passe le râteau pour égaliser la
terre, et on finit par répandre sur tout le semis un
léger paillis de fumier très-court, afin qu'il ne nuise
pas à la graine quand elle lève, ce qui, en cette
saison, arrive au bout de six ou sept jours. On
doit entretenir la terre humide par de fréquentes
et petites mouillures jusqu'à ce que la graine soit
levée, et, quand elle est levée, on continue les petites mouillures tant que la saison est sèche. Il va
sans dire que des épinards semés à la volée ne
peuvent se biner ni se ratisser ; il faut les ésherber à la main. Bientôt les épinards ont atteint
la hauteur de 16 centimètres : alors, pour cette
seule fois, on coupe toutes les feuilles à 3 centimètres de terre avec un couteau : c'est la première récolte pour la halle. Si, à cette époque, le
temps est sec, on leur donne une mouillure, pour
les remettre en séve. Les épinards ne tardent pas
à pousser d'autres feuilles, et quand elles sont
d'une certaine grandeur, larges de trois ou quatre
doigts, les femmes les cueillent une à une à la
main et laissent le cœur ou les petites feuilles
du centre. On cueille les épinards de cette manière jusqu'au printemps suivant, époque où ils
commencent à monter en graine ; alors on les
détruit, si on ne veut pas en ménager un peu pour
graine, et on prépare la terre pour d'autres légumes.

Nous ne semons jamais d'épinards en rayons
dans nos marais, quoiqu'on les sème ordinaire-

Aoû

ment de cette façon dans les potagers, parce que, si nous les semions en rayons, ils deviendraient trop maigres ; tandis qu'étant semés à la volée, chaque pied a beaucoup plus de place, et leurs feuilles deviennent plus belles, plus grandes, plus vertes, et sont mieux nourries.

ÉPINARD A GRAINE PIQUANTE, ÉPINARD COMMUN OU D'ANGLETERRE.

Culture. — Nous semons cet épinard depuis les premiers jours de février jusqu'en mai; passé cette époque, les grandes chaleurs le rendent maigre et le font jaunir ; il faut à l'épinard une température modérée et plus humide que sèche. Des semis faits en mai, on ne peut obtenir au plus que deux cueilles; souvent il monte en graine après la première. Cet épinard supporte les grandes chaleurs un peu mieux cependant que celui à graine ronde; il jaunit moins vite : ses feuilles sont plus larges et un peu découpées.

SEPTEMBRE.

CHOU.

Plante de la famille des crucifères et du genre dont elle porte le nom. Ce genre contient beaucoup d'espèces ou variétés, toutes pouvant servir à la nourriture des hommes et des animaux ; mais les hommes en ayant choisi un certain nombre, le plus à leur convenance, c'est de celles-ci seulement que nous devons parler ; nous ne les mentionnerons même pas toutes, parce que la culture maraîchère de l'intérieur de Paris ne peut et ne doit donner ses soins qu'aux espèces qu'elle est sûre de vendre avec chance de bénéfice sans craindre la trop grande concurrence du dehors.

Les choux sont des plantes généralement bisannuelles, qui, au temps de leur floraison, s'élèvent de 70 centimètres à 2 mètres et plus ; ils ont la tige droite, grosse, charnue, rameuse quand ils se disposent à fleurir ; mais jusque-là tous se font distinguer par leurs feuilles nombreuses, grandes, gaufrées, entières ou diversement découpées, étendues en rosette dans les choux verts, ou enveloppées les unes par les autres de manière à former une tête très-compacte dans les choux glauques. Le chou-fleur a cependant une manière différente de former sa tête, que nous expliquerons en sou lieu. Les fleurs de chou sont assez grandes, jaunes ou blanchâtres, toujours divisées en quatre ou en croix, ce qui a fait donner à leur classe le nom de *crucifères*; à ces fleurs succèdent des siliques toruleuses qui contiennent plusieurs graines. Dans le chou-fleur on mange les fleurs avortées, dans d'autres les feuilles, et dans trois autres le bas ou le haut de la tige épaissie en navet.

Nous faisons observer ici que tous les choux aiment la bonne terre et l'humidité, et que, si celle où l'on doit planter le chou d'York à demeure était légère et sèche, il faudrait, en la labourant, y enterrer une bonne épaisseur de fumier de vache ; si elle était, au contraire, forte et compacte, il faudrait y enterrer du fumier de cheval. Nous disons cela seulement pour les marais où l'on ne fait que peu ou point de culture forcée ; car, dans ceux où la culture forcée est la principale affaire, la terre est toujours bonne.

CHOU D'YORK.

C'est l'espèce la plus précoce et la moins grande; sa tête ou sa pomme est allongée.

CULTURE. — Le chou d'York se sème, dès les premiers jours de septembre, dans un bout de planche préparé à cet effet et tenu à la mouillure si le temps est sec. Quand le plant a deux feuilles, on laboure une ou deux planches, on les dresse, on les herse avec une fourche, et on les couvre d'un léger lit de terreau ; ensuite on soulève le jeune plant avec une bêche, on le tire légèrement de terre, et on vient le repiquer au plantoir à 10 ou 13 centimètres (4 ou 5 pouces) de distance dans ces nouvelles planches, et on l'arrose de suite pour le faire reprendre. Ce jeune plant reste là en pépinière jusqu'au temps de le mettre en place, ce qui arrive dans les derniers jours de novembre et le commencement de décembre. Voici comme nous procédons.

Quand le carré où l'on doit planter les choux d'York est bien labouré, on le dresse par planches de 2 mètres 33 centimètres (7 pieds) de largeur, en ménageant entre chaque planche un sentier large de 33 centimètres, et on les herse avec une fourche.

Dans chaque planche, large de 2 mètres 33 centimètres, on trace avec les pieds neuf rayons profonds de 6 à 8 centimètres, afin que les choux y trouvent un abri pendant l'hiver, surtout si les rayons sont dirigés de l'est à l'ouest. Cela fait, on va à la pépinière du chou d'York, on soulève chaque chou avec un plantoir, afin de ménager ses racines et lui conserver une petite motte, s'il est possible ; et, quand on en a levé un certain nombre et qu'on les a mis dans un panier, on vient les planter au plantoir dans les rayons, à 33 centimètres l'un de l'autre et en échiquier, afin qu'ils aient plus d'espace. Mais voici un soin que nous prenons toujours dans nos marais et qu'on néglige ailleurs ;

c'est qu'en plantant des choux à l'entrée de l'hiver,
celui qui plante (s'il n'est pas gaucher) doit toujours
avoir le côté droit tourné vers le midi, et en voici
la raison : quand le jeune chou a ses racines et
toute sa tige placées dans le trou qui lui a été préparé avec le plantoir, on l'y borne en appuyant
contre lui avec le plantoir la terre qui se trouve à
droite du trou, et il en résulte une fossette à côté
du chou. Pendant l'hiver, la neige et la glace s'accu-
mulent dans cette fossette ; mais, étant tournée au
midi, la neige et la glace sont bientôt fondues,
tandis que, si la fossette était du côté du nord, elles
ne fondraient pas, et c'est une opinion établie chez
les maraîchers de Paris que les choux en souffriraient.

On sent bien que nous choisissons, en cette
saison tardive, un beau jour pour faire cette plantation, et que, quand elle est finie, nous arrosons
chaque pied de chou, pour faire descendre la terre
entre ses racines et l'aider à la reprise.

Une fois le chou d'York planté, on ne lui donne
pas de soin particulier pendant tout l'hiver : cependant les faux dégels peuvent l'endommager comme
les autres plantes. Il supporte aisément 9 degrés centigrades de froid sans souffrir, et, si un froid plus
intense l'endommage, c'est par le collet, près de
terre, qu'il périt. Si en mars et avril il survient
des hâles qui durcissent la terre, il est bon
de la biner profondément et de donner quelques
mouillures aux choux : ils sont pommés et bons à

être livrés à la consommation à la fin d'avril et au commencement de mai, et même plus tôt, si on a pu en planter un peu dans une côtière.

CHOU HATIF EN PAIN DE SUCRE.

CULTURE. — On sème, on repique et on plante cette espèce aux mêmes époques que la précédente, et on la cultive de la même manière; mais, comme il devient plus fort, au lieu d'en mettre neuf rangs dans une planche large de 2 mètres 33 centimètres, on n'y en met que sept, et on les espace à 48 centimètres dans les rangs. Sa tête est plus grosse et plus longue que celle du chou d'York, et plus tardive de dix-huit ou vingt jours.

CHOU COEUR-DE-BOEUF.

Cette troisième variété est la plus grosse et la plus tardive des choux précoces : on la sème à la même époque que les deux précédentes, on la plante et on la cultive de même; mais il faut n'en mettre que six rangs dans une planche large de 2 mètres 33 centimètres, et les choux à 65 centimètres l'un de l'autre dans les rangs. Sa pomme se forme huit à quinze jours plus tard que celle du chou pain-de-sucre.

CHOU CONIQUE DE POMÉRANIE.

Cette espèce, encore peu cultivée à Paris, où peut-être elle n'est pas assez appréciée, est cependant très-intéressante par son excellente qualité, qui ne le cède en rien à celle des trois choux dont il vient d'être question, auxquels elle ressemble encore par sa pomme conique, mais beaucoup plus forte; elle n'est pas encore introduite dans la culture maraîchère.

CULTURE.—On a essayé de semer le chou conique de Poméranie en septembre, en même temps que les choux d'York et cœur-de-bœuf; mais il n'a pas donné de résultats satisfaisants de cette manière. Il est reconnu qu'il est un de ceux qui doivent être semés au printemps, de la fin de mars au commencement de mai; il n'est pas indispensable de le repiquer en pépinière. Planté en rangs, à la distance de 48 centimètres et avec des soins ordinaires, sa pomme peut être cueillie en septembre, et, si on la laisse grossir jusqu'en novembre, elle devient fort dure et peut acquérir le poids de 8 à 10 kilogrammes.

Le seul reproche qu'on puisse faire à cet excellent chou, c'est de dégénérer facilement. On ne peut prendre trop de précaution, au temps de sa floraison, pour conserver sa graine franche.

CHOU TRAPU DE BRUNSWICK.

Celui-ci est cultivé par les maraîchers les plus éloignés du centre de la capitale et qui ne font que peu ou point de primeurs : on le reconnaît à son

pied, si court que sa pomme paraît posée sur la
terre; cette pomme est de moyenne grosseur et
aplatie en dessus. L'espèce est robuste, endure le
froid et ne se mange que dans l'hiver.

CULTURE. — Le chou trapu de Brunswick se sème
au printemps, ne se repique pas, et, quand le
plant est assez fort, on en plante un rang autour
des planches qui contiennent de plus petits légumes, en espaçant les pieds à 66 centimètres l'un de
l'autre dans le rang; là ils profitent de la culture
et des arrosements que l'on donne aux plantes de
la planche.

CHOU CABUS, CHOU BLANC.

C'est celui de tous les choux qui fait la plus
grosse pomme; pour l'avoir dans toute sa grosseur,
il faut le semer en automne, et il devient bon à être
mangé dès le mois de juillet. Les maraîchers de
Paris ne le cultivent pas, parce qu'il occupe la terre
trop longtemps, parce qu'on en fait une quantité
considérable dans les environs, qu'on envoie sur
les marchés de la capitale de plusieurs myriamètres
de distance; enfin parce que son prix ne payerait
pas les frais de culture dans Paris : quoiqu'on en
consomme beaucoup, il paraît rarement sur les
tables opulentes, parce qu'il est de qualité très-
inférieure à celle de nos petits choux hâtifs.

CHOU ROUGE.

Celui-ci est une des variétés du chou cabus. Quelques maraîchers, auprès du mur d'enceinte où le terrain est moins cher, font un peu de chou rouge, non pas qu'il soit du goût de bien du monde, à cause de la saveur musquée que plusieurs personnes lui trouvent, mais bien parce que quelques médecins l'ordonnent dans certaines maladies. Sa culture, très-circonscrite, est la même que celle du chou blanc. L'un et l'autre craignent la gelée un peu forte quand ils sont pommés : alors on les couvre de litière, ou bien on les arrache, on les rentre en serre, et, après quelques jours, on ôte toutes les feuilles qui ne sont pas pommées ; on les dresse à côté les uns des autres, et ils se conservent ainsi très-bien et assez long-temps.

CHOU A GROSSE COTE.

Celui-ci, ainsi que le suivant, appartient à la section des choux qui pomment très-peu ou point : il a de grandes feuilles entières, glauques, remarquables par leurs grosses côtes blanchâtres ; il se sème au printemps et se mange à la fin de l'automne et dans l'hiver.

Quelques maraîchers de Paris font un peu de ce chou pour leur propre usage ; mais ils n'en envoient guère à la halle, et tous ceux qu'on y voit viennent de la petite culture des environs de Paris.

CHOU DE BRUXELLES.

Connu aussi sous les noms de *chou à jets*, *chou à rosette ;* il appartient à la section des choux verts qui ne pomment pas, et il est le seul des choux connus qui jouisse de la singularité de produire de petites pommes tout le long de sa tige.

CULTURE. — Le chou de Bruxelles se sème en avril comme le chou de Milan et n'est pas d'une culture plus difficile ; en le semant un peu clair, on s'évite la peine de le repiquer : tandis qu'il s'é- lève, il est sujet à être dévoré par l'altise, ainsi que toutes les crucifères semées au printemps et dans l'été ; mais on éloigne cet insecte par des arro- sements fréquents et par d'autres moyens que nous indiquerons au chapitre *Insectes*. Le chou de Bruxelles, ainsi que tous les autres choux, préfère une terre assez forte, fertile et fraîche ; mais il vient assez bien aussi en terre moins substantielle. Quand le plant est assez fort, on le plante en plein carré, en lignes espacées entre elles de 48 centimè- tres (les plants éloignés l'un de l'autre de 64 centi- mètres dans les lignes), et on l'arrose de suite. Mais, en culture maraîchère, nous ne plantons guère de légumes en plein carré ; nous divisons tout notre terrain par planches de 2 mètres 33 centimètres de largeur en ménageant un sentier de 33 centimètres entre elles pour l'usage du service; or ceux d'entre nous qui cultivent le chou de Bruxelles en plantent un rang sur chaque bord de leurs planches, en plaçant les pieds à environ 1 mètre l'un de l'autre, de manière qu'ils ne nuisent pas aux légumes qui sont dans la planche. Ce chou ne tarde pas à allonger sa tige et à perdre ses feuilles inférieures, ce qui fait de la place pour les plantes d'alentour. Au mois de septembre, il est haut de 40 à 80 centimètres, et de toutes les aisselles des feuilles tombées ou persistantes naissent des rosettes de petites feuilles, qui se coiffent en petites pommes, que l'on peut cueillir dès octobre et pendant tout l'hiver; car le chou de Bruxelles résiste bien à la gelée. Ces petites pommes, de la grosseur d'une noix, sont très-recherchées pour les tables opulentes et se vendent à un prix assez élevé. Il y a deux variétés de choux de Bruxelles également bonnes; l'une ne s'élève guère qu'à 50 centimètres, l'autre s'élève jusqu'à 1 mètre : l'une et l'autre sont sujettes à dégénérer, si on les laisse fleurir près d'autres choux.

CHOU DE MILAN FRISÉ.

Il y a beaucoup de variétés de chou de Milan qui se reconnaissent à la hauteur de leur pied, à la grandeur et au gaufré de leurs feuilles, à la gros-

seur et à la forme de leur pomme ; car, quoique
de la section des choux verts, les choux de Milan
pomment très-bien.

CULTURE. — Le chou de Milan n'est cultivé que
par les maraîchers des quartiers de Vaugirard, de
Grenelle, du Gros-Caillou. On peut le semer dès mars
et avril ; mais les maraîchers ne le sèment qu'à la
fin de juin, pour le planter à la fin de juillet, où ils
ont déjà fait une ou deux récoltes. Ils en plantent
deux rangs par planche, un rang sur chaque bord
près du sentier ; et ces choux ne nuisent pas aux
autres plantes de la saison, que l'on sème ou que
l'on plante dans la planche, comme salade, mâche,
épinard, cerfeuil, etc. Le chou de Milan aime l'eau
comme les autres, mais on ne l'arrose que modérément, afin qu'il ne croisse pas trop vite, car il
faut que la gelée ait passé dessus pour lui donner
toutes ses qualités ; alors il est bien meilleur que
les choux blancs ou cabus, qui souvent ont un
goût de musc qu'on n'aime pas toujours.

Le chou de Milan frisé dégénère facilement,
et il faut, chaque année, choisir les pieds les plus
francs pour porte-graine. Nous ne parlons pas du
chou de Milan-des-Vertus, le plus gros des mi-
lans, ni de quelques autres, parce qu'ils ne sont pas
cultivés par les maraîchers de l'intérieur de Paris.

CHOU-FLEUR.

Cette espèce de chou diffère des autres en ce

que ce ne sont pas ses feuilles qui forment sa tête, mais bien ses fleurs, qui, avant leur développement, se changent en une masse compacte de granulations blanches, charnues, tendres, et d'un manger délicat. Quand cette masse ou cette tête a pris tout son développement, qui atteint jusqu'à 16 ou 20 centimètres de diamètre sous une forme convexe, si on ne la coupe pas, il en sort plusieurs rameaux qui développent des fleurs en partie imparfaites, en partie parfaites; et ces dernières produisent des siliques dont les graines reproduisent l'espèce.

Il y a cinquante ans, on croyait que la graine de chou-fleur récoltée en France ne pouvait pas produire de beaux choux-fleurs, et on la tirait toute d'Angleterre. A présent, chaque maraîcher recueille sa graine, il en vend même, et continue d'obtenir de très-beaux et bons choux-fleurs.

CULTURE FORCÉE. — Le chou-fleur qui convient le mieux à la culture forcée est celui que l'on a appelé jusqu'ici chou-fleur tendre ; mais depuis quelque temps les maraîchers primeuristes ont reconnu dans le chou-fleur tendre une variété ou race plus précoce qu'ils ont nommée *petit salomon*. Il y a dix ans, l'un de nous a trouvé dans ses cultures une autre race ou variété plus grosse et presque aussi précoce que le petit salomon, et lui a donné le nom de *gros salomon*. Prévoyant que le nom de chou-fleur tendre disparaîtra peu à peu et sera remplacé par ceux de petit et gros salomon, nous nous conformons ici à ce qui arrivera infailliblement. Ainsi, au lieu de dire que nous semons du chou-fleur tendre, nous disons que nous semons en même temps du petit et du gros salomon, et que le produit du gros succède immédiatement au produit du petit.

Le petit et le gros salomon que l'on veut avoir pommés au printemps se sèment en pleine terre, du 5 au 10 septembre. La terre où l'on doit les semer doit être labourée, hersée à la fourche ; on y sème la graine, et on l'enterre au moyen d'un nouveau hersage à la fourche, ensuite on y passe le râteau ; enfin on étend sur le tout un lit de terreau fin épais de 2 centimètres. Aussitôt on donne une bonne mouillure, et on entretient la terre humide jusqu'à ce que la graine soit levée, ce qui en cette saison arrive en moins de huit jours. Quand le jeune plant est bien levé, qu'il commence à avoir deux feuilles, non compris les oreillettes (cotylédons), on laboure d'autres planches et on place des coffres près à près sur le labour, puis on herse la terre qui se trouve dans les coffres, et on la couvre d'un lit de terreau épais de 4 centimètres. Quand le terreau est bien étendu, on le plombe fortement avec le bordoir ; ensuite on procède au repiquage du plant de choux-fleurs.

Pour lever le plant, il est toujours avantageux de le mouiller une ou deux heures d'avance ; ensuite, lorsqu'on veut le prendre, de le soulever en

passant une bêche au-dessous des racines : en prenant ces précautions, le plant se tire de terre avec
toutes ses racines ; il reste un peu de terre entre
ses radicelles qui contribue à le faire reprendre
plus promptement quand il est repiqué. Lorsqu'on
a levé ainsi une certaine quantité de plants, on va
les repiquer dans les coffres de cette manière. On
tient une poignée de plants de la main gauche ; avec
le doigt indicateur de la main droite on fait un
trou perpendiculaire dans le terreau et la terre,
proportionné à la racine et à la tige de la plante.
On enfonce le plant jusqu'aux feuilles avec la main
gauche et on le borne avec le même doigt indicateur de la main droite. Les plants se repiquent,
cette première fois, à environ 7 ou 9 centimètres
l'un de l'autre, ou de manière qu'il en tienne de
cent cinquante à deux cent cinquante sous l'étendue d'un panneau de châssis, ou, ce qui revient au
même, quatre cent cinquante à sept cent cinquante plants dans un coffre à trois panneaux. On
ne doit pas tarder à mouiller le plant, après qu'il
est planté, afin de l'attacher promptement à la
terre ; et, si le temps est encore chaud et sec, on le
soutiendra convenablement à la mouillure.

A la fin de novembre, le plant s'est fortifié et
endurci ; mais il ne faut pas qu'il croisse trop vite.
On labourera donc d'autres planches, on y pla-
cera d'autres coffres, on en préparera la terre
comme précédemment, et on y *retransplantera* ce
même plant en l'espaçant un peu plus ou de manière

qu'il y en ait environ cinquante de moins sous chaque panneau, selon sa force, et en l'enfonçant jusqu'aux feuilles. Cette seconde plantation a pour
but de retarder la croissance du plant et de l'endur-
cir en même temps pour le mettre à même de mieux
résister au froid. Tant qu'il ne gèle pas, le plant doit
rester à l'air libre, c'est-à-dire qu'il ne faut mettre
les châssis sur les coffres qui le contiennent que
quand il commence à geler. Alors, pendant le jour,
on tient les châssis ouverts par derrière au moyen de
cales en bois taillées de manière à pouvoir soulever le derrière des châssis depuis 2 jusqu'à 10 centimètres, et, le soir, on *retire l'air* en retirant les
cales. Si la gelée devient forte, on met des paillassons sur les châssis ; si elle augmente, on fait un
accot autour du coffre ; si elle augmente, encore, on
double et on triple les paillassons ; enfin on s'arrange de manière à ce que la gelée ne puisse arriver jusqu'au plant, et à l'en garantir sans aucune
chaleur artificielle. Quand le soleil luit, on ôte les
paillassons, pour que le plant jouisse de la lumière :
s'il fait doux, on donne un peu d'air dans le jour ;
mais, le soir, il faut *rabattre l'air* et couvrir, crainte
d'accident. D'ailleurs il n'y a guère de maraîchers,
parmi ceux qui font des cultures forcées, qui, pendant l'hiver, ne se lèvent presque toutes les nuits
rigoureuses, pour interroger le thermomètre et
doubler les couvertures de leurs cloches et de leurs
châssis, s'ils le jugent nécessaire.

Dans certains hivers, on est quelquefois forcé

de laisser le plant de choux-fleurs renfermé sous les châssis pendant plus d'un mois sans air et sans lumière : cette longue obscurité l'attendrit et le rend plus sensible à l'impression de l'air et de la lumière; c'est pourquoi, quand la saison des fortes gelées est passée, il ne faut lui donner de l'air et de la lumière que très-modérément et n'augmenter l'un et l'autre que peu à peu.

Dans les premiers jours de février, il faut planter une partie de ce plant de choux-fleurs en place et réserver l'autre pour être plantée un mois plus tard, comme nous le dirons tout à l'heure.

Au mois de février, les maraîchers primeuristes ont déjà plusieurs couches qui ont rapporté de la laitue au moyen de coffres et de châssis, et on remplace les laitues par des choux-fleurs de la manière suivante : on enlève d'abord les châssis et on laisse les coffres en place; on *retournera* ces couches, c'est-à-dire qu'on labourera le terreau qui est dans les coffres; après quoi, on procédera à la plantation des choux-fleurs.

Nous avons déjà dit que l'on sème et plante en même temps pour primeurs le petit et le gros salomon; l'un et l'autre se plantent au plantoir, sur deux rangs sous chaque panneau de châssis, un rang par en bas, à 20 ou 22 centimètres du bois, et un rang par en haut, à égale distance du bois du coffre : si c'est du petit salomon, on en met quatre pieds dans chaque rang, parce qu'il ne vient pas gros; si c'est du gros salomon, on n'en met que trois pieds dans chaque rang, et entre les deux rangs de choux-fleurs, gros ou petit, on plante trois rangs de laitue gotte à six par rang; aussitôt que la place d'un panneau est plantée, on mouille le plant pour l'attacher à la terre et on remet le panneau dessus de suite.

Nous devons avertir qu'il y a des primeuristes qui sèment, en plantant leurs choux-fleurs, des carottes hâtives, qui y plantent des laitues Georges, etc.; mais ces plantes ne font jamais très-bien, et nous sommes persuadés que la laitue gotte est plus profitable, tandis que les choux grandissent, que tout autre légume.

On donne de l'air aux choux et aux laitues tous les jours, autant qu'il est possible, et on couvre la nuit si la gelée est à craindre; on augmente l'air peu à peu : bientôt les choux sont près de toucher le verre des châssis; alors on rehausse les coffres en plaçant de gros tampons de paille sous les quatre encoignures. Une fois la fin de mars ou le commencement d'avril arrivé, on profite d'un temps doux pour ôter les coffres et les châssis, pour les employer à la culture des melons.

Les choux-fleurs mis ainsi à nu dès les premiers jours d'avril peuvent être encore exposés à quelques gelées tardives, à la grêle : pour parer à ces inconvénients, les maraîchers soigneux établissent sur leurs choux-fleurs des rangs de gaulettes, pour recevoir des paillassons en cas de besoin. A mesure que le temps devient chaud et que les choux

grandissent, il faut augmenter la mouillure. Dès
le 10 ou le 12 avril, on doit voir des pommes se
former sur le petit salomon, et huit jours après sur
le gros salomon; c'est alors qu'il faut commencer
à visiter les choux-fleurs tous les deux jours, et,
dès qu'on aperçoit une pomme grosse comme un
œuf de poule, on s'empresse de casser quelques
feuilles inférieures du chou et de les appliquer bien
exactement sur la pomme, de manière à la priver
d'air et de lumière, afin qu'elle conserve toute sa
blancheur. En grossissant, la pomme se découvre
plus ou moins; dans une autre visite, on la recouvre
en cassant et faisant tomber sur la pomme les grandes feuilles qui l'entourent. Enfin il faut visiter les
choux-fleurs aussi souvent pour voir si les têtes
sont bonnes à cueillir que pour les couvrir quand
elles commencent à se montrer. On juge qu'une
tête est bonne à cueillir dès qu'elle commence à
se desserrer, à *s'écailler* en terme de maraîcher : de
ce moment, le chou-fleur va en diminuant de sa
valeur, quant à son apparence, quoiqu'il conserve
encore sa bonne qualité. La récolte des petits et des
gros salomons, cultivés de la manière que nous
venons d'expliquer, peut durer du 25 avril au
25 mai.

CHOU-FLEUR DU PRINTEMPS.

Ce chou-fleur n'est pas une espèce particulière;
c'est ou le chou-fleur demi-dur, ou le chou-fleur

dur, ou l'un et l'autre, que nous plantons en pleine terre en cette saison.

CULTURE. — Ces choux ont dû être semés à la même époque, traités et soignés pendant tout l'hiver absolument comme ceux de culture forcée dont nous venons de parler ; seulement, étant restés environ un mois de plus en place, ayant joui plus longtemps de l'air et de la lumière, ils sont plus forts, lorsqu'on les plante en pleine terre, que n'étaient les autres lorsqu'on les a plantés sous châssis. C'est à la fin de février et au commencement de mars qu'on les plante en pleine terre; on en plante d'abord en côtière pour les garantir du froid et les avancer, ensuite en planches, au milieu du marais, quand on ne craint plus de fortes gelées, et toujours en même temps que de la romaine.

PLANTATION EN CÔTIÈRE. — Dans une côtière large de 2 mètres 33 centimètres, où l'on doit planter douze rangs de romaine (*voir* la préparation de la terre, à l'article *Romaine*), on laisse vides, sans les planter en romaine, deux ou trois de ces rangs : si on se décide pour deux rangs, on choisira le deuxième sur chaque bord; si on préfère trois rangs de choux-fleurs, on ménagera un troisième rang au milieu de la côtière, et, quand la romaine sera plantée de la manière que nous dirons en son lieu, on plantera les deux ou trois rangs de choux-fleurs, à 2 pieds l'un de l'autre dans le rang, avec les précautions que nous allons indiquer. Quand a on soulevé les choux en pépinière avec une houlette et qu'on les a tirés de terre, il faut réformer ceux qui sont *borgnes* ou n'ont pas de cœur, ceux qui ont des protubérances au collet, parce que ces protubérances contiennent presque toujours des œufs ou des larves d'insectes, ceux dont les racines seraient endommagées ou en mauvais état, enfin ceux qui ne paraîtraient pas d'une belle venue. Le choix étant fait, on *entre-plante*, c'est-à-dire qu'on plante avec le plantoir ces choux-fleurs dans les lignes qui leur sont réservées parmi les romaines, à 66 centimètres l'un de l'autre dans ces lignes, en ayant soin de les enfoncer jusqu'aux feuilles, de les bien borner et de les arroser pour les attacher à la terre.

Il y a peu de chose à faire à ces choux-fleurs jusque vers la fin d'avril, époque où la terre commence à s'échauffer dans les côtières plus qu'en plein carré : si, alors, le soleil est favorable, on les arrosera amplement; il pourra même arriver que, dans les premiers jours de mai, les choux-fleurs aient besoin qu'on leur donne un arrosoir d'eau, pour trois pieds, deux fois par semaine quand leur pomme commence à se former; enfin on couvrira les pommes, comme nous l'avons dit dans l'article précédent, pour conserver leur blancheur, et la plupart seront bonnes à porter à la halle vers la fin du mois de mai.

PLANTATION EN PLANCHIS. — Comme on ne

plante la romaine en planches, dans les marais,
que huit ou quinze jours après l'avoir plantée
dans les côtières, on n'y plante les choux-
fleurs, par la même raison, que huit ou quinze
jours après que les côtières sont plantées. On
est obligé d'en agir ainsi parce que les plantes ne
trouvent pas en plein carré l'abri qu'elles trouvent
dans les côtières. A cela près, les choux se plantent,
se soignent absolument dans les planches comme
dans les côtières; ils sont plus exposés à être des-
séchés par les vents, mais on les arrose davantage:
leur pomme est bonne à être coupée dans le commencement de juin.

CHOU-FLEUR D'ÉTÉ.

C'est le chou-fleur demi-dur que l'on préfère
pour cette saison; on le reconnaît à ses feuilles plus
larges, à sa tige ordinairement plus grosse et plus
courte.

CULTURE.— On sème ce chou-fleur, à la fin d'a-
vril ou dans les premiers jours de mai, sur un bout
de vieille couche, et, aussitôt qu'il a deux feuilles,
on le repique en pépinière ; mais, si on a assez de
place pour le semer clair, on ne le repique pas. Il
se trouve bon à être planté dans les premiers jours
de juin, même dès la fin de mai, et bon pour la
vente en juillet et août.

Nous ferons observer qu'il est difficile d'obtenir de beaux choux-fleurs, l'été, dans les marais de Paris, malgré tous nos soins et les arrosements les plus copieux ; la terre n'est pas assez fraîche naturellement, ni assez forte ou substantielle, pour fournir une nourriture suffisante aux choux-fleurs pendant les grandes chaleurs de l'été, dans l'enceinte de la capitale.

CHOU-FLEUR D'AUTOMNE.

On choisit pour cette saison le chou semi-dur et le dur ; le premier montre sa pomme avant le dernier.

CULTURE. — Du 8 au 15 juin, on sème ce chou-fleur dans une planche préparée à l'ombre, humide s'il est possible, afin que l'altise ne le mange pas trop, et assez clair pour qu'on ne soit pas obligé de le repiquer : on l'entretient à la mouillure pour le fortifier, et le maintenir tendre jusqu'à ce qu'il soit bon à planter, ce qui arrive du 10 juillet au 1er août. Les choux-fleurs de cette saison sont ceux que l'on fait en plus grande quantité ; d'abord, parce que la saison leur est plus favorable, ensuite parce que leurs pommes se forment de la mi-septembre à la fin de novembre, et qu'on peut en garder jusqu'en avril, de sorte qu'on peut en manger pendant sept mois consécutifs. On nous permettra donc, vu l'importance de cette culture,

de l'expliquer assez longuement, telle que nous la
pratiquons dans les marais de Paris.

Quand notre plant est bon à planter, on laboure successivement la terre qui doit le recevoir,
et, comme l'on sait que les choux, en général, aiment la bonne terre, on leur choisit la meilleure.
Quand la terre est bien labourée, on la divise par
planches larges de 2 mètres 33 centimètres. Selon
notre usage, on les herse avec une fourche, on y
passe le râteau, ensuite on étend un bon paillis
sur les planches. Cela étant fait, le maître maraîcher trace avec les pieds neuf ou onze lignes ou
rangs sur la longueur des planches. On a dû arroser le plant deux heures auparavant, afin de faciliter son soulèvement avec une bêche, et qu'on
puisse le tirer de terre avec toutes ses racines, et
même avec un peu de terre ; on l'examinera comme
nous l'avons dit précédemment ; on réformera les
pieds défectueux et on portera les bons auprès des
planches préparées. Si l'on a décidé de ne planter
que deux rangs de choux-fleurs par planche, on
choisira la seconde ligne de chaque côté de la
planche ; si on a décidé d'en planter trois rangs,
on prendra la ligne du milieu pour planter le troisième rang. Alors on prend un plantoir, et on
plante les jeunes choux-fleurs à 66 centimètres
l'un de l'autre dans ces deux ou trois lignes. Ce
jeune plant, n'ayant pas été repiqué, a la tige un
peu longue ; il faudra donc faire le trou plus creux,
y enfoncer le chou jusqu'aux feuilles, afin qu'il se

développe de nouvelles racines sur la tige enterrée, borner solidement, enfin arroser aussitôt la
plantation finie.

Quand on ne plante que deux rangs de choux-
fleurs par planche, c'est que l'on a projeté de
planter dans les autres lignes de la chicorée ou de
la scarole, et la plantation de ces légumes peut
se faire immédiatement avant ou immédiatement
après celle des choux-fleurs. Si, au contraire, on a
planté trois rangs de choux-fleurs par planche,
c'est souvent parce qu'on projetait de ne rien planter de plus, mais de semer des mâches, ou des épinards, ou du cerfeuil, parmi les choux-fleurs. Dans
ce dernier cas, on ne met pas de paillis sur les
planches; on les plombe, on sème, on herse, et
on répand une légère couche de terreau sur le
semis.

Comme c'est dans la saison la plus chaude que
l'on plante le chou-fleur d'automne, et que le
chou aime beaucoup l'eau, on ne peut trop l'arroser, jusque dans l'automne, à la pomme ou à la
gueule; pour arroser de cette dernière manière,
on fait une fossette entre deux pieds de chou-
fleur, et on y verse un demi-arrosoir d'eau. C'est
aussi le temps où la chenille du chou se multiplie
avec abondance dans certaines années, et lui ferait
un tort considérable si on n'avait pas soin de la
détruire continuellement. Enfin, si les soins de
toute espèce, si les arrosements surtout n'ont pas
manqué, les choux devront avoir atteint toute leur

force à la fin de septembre ; les demi-durs commenceront à marquer, leurs pommes se feront dans le courant d'octobre et de novembre ; on les couvrira, comme nous l'avons dit pour le chou-fleur en culture forcée. Quant au chou-fleur dur, il ne vient qu'après le demi-dur ; c'est en novembre et décembre qu'il donne son produit, et sa pomme, plus ferme que les autres, se garde aussi plus long-temps. Dans les automnes froids, ou, si on n'a pas assez arrosé, dans les automnes secs et chauds, il arrive même que plusieurs pieds de chou-fleur dur ne montrent pas encore leurs pommes quand les gelées arrivent. Alors, si l'on a encore un certain nombre de choux-fleurs durs qui ne marquent pas, on les arrache, on supprime les plus vieilles feuilles et on les replante, près à près et jusqu'aux feuilles, dans une côtière, où on les garantit de la gelée avec de la litière ; ou, mieux encore, on ôte un fer de bêche de terre dans un coffre, on plante les choux-fleurs dans le fond, on les couvre de châssis, on fait un accot, on couvre, etc., et les pommes se forment pendant l'hiver.

CHOU BROCOLI.

Cette espèce contient aussi plusieurs variétés : nous ne parlerons que du brocoli blanc et du brocoli violet, les autres variétés n'étant pas connues des maraîchers de Paris. Le brocoli ressemble au chou-fleur par la couleur glauque de ses feuilles, par la manière de former sa pomme; mais ses feuilles sont plus grandes et plus ondulées. Il diffère surtout du chou-fleur en ce qu'il supporte d'assez fortes gelées et que, après avoir traversé l'hiver, il produit sa pomme au premier printemps.

Avant l'introduction de la culture forcée du chou-fleur dans Paris, les maraîchers de cette capitale cultivaient le brocoli; mais, depuis lors, les jardiniers du midi de la France et ceux du Finistère, favorisés par leur climat, en envoient à Paris dès les trois premiers mois de l'année, et nous ne pouvons soutenir la concurrence à cause de la cherté de nos terrains, de sorte qu'il n'y a que très-peu de maraîchers à Paris qui cultivent aujourd'hui le brocoli; cependant nous allons donner une idée de sa culture.

BROCOLI BLANC.

Ce chou se sème, dans le commencement de juillet, en pleine terre, assez clair pour n'avoir pas besoin d'être repiqué. Si le semis est bien entretenu à la mouillure, le plant est bon à être planté dans les premiers jours du mois d'août. Dans une planche de 2 mètres 33 centimètres de large, on peut en mettre quatre rangs, et les pieds à 66 centimètres l'un de l'autre dans les rangs : il faut les bien mouiller de suite et les entretenir fortement à la

9

mouillure jusqu'à la fin de septembre si le temps reste au chaud et au sec. En même temps qu'on a planté les brocolis, on a pu planter dans les mêmes planches de l'escarole, ou y semer du cerfeuil, ou des mâches, ou des épinards.

Quoique le brocoli supporte assez bien la gelée, il pourrait cependant souffrir si elle devenait très-forte ; et, comme il ne serait pas aisé de l'en garantir si on le laissait en place, l'usage est de l'arracher avant que la terre soit gelée, de le replanter près à près assez profondément pour que toute la tige soit enterrée jusqu'aux feuilles. Dans cette position, il sera facile de préserver les brocolis de la gelée en les couvrant de litière, et au printemps ils produiront leurs pommes, qu'on trouvera moins serrées, mais aussi bonnes que celles des choux-fleurs.

BROCOLI VIOLET.

Cette variété se reconnaît à la teinte plus foncée de ses feuilles, et surtout à la couleur violette de sa pomme, qui est plus tendre et peut-être meilleure que celle du brocoli blanc. Il n'est pas à notre connaissance que cette variété soit cultivée comme le brocoli blanc pour l'hiver et le printemps ; mais nous savons qu'en la semant en avril elle donne sa pomme en été et en automne : comme sa couleur ne plaît pas sur les tables et qu'on lui préfère la couleur blanche des choux-fleurs, elle est peu cultivée.

Résumé des caractères distinctifs des choux-fleurs.

Le chou-fleur tendre se divise en deux variétés que nous appelons aujourd'hui le petit et le gros salomon. Ces deux choux ne viennent pas bien sur terre et craignent les grandes chaleurs ; il leur faut une couche et du terreau ; ils ont les feuilles plus pointues que les suivants. Le petit salomon vient moins grand que le gros et donne sa pomme huit ou quinze jours plus tôt.

Le chou-fleur demi-dur va bien à la pleine terre, donne sa pomme huit à quinze jours après le gros salomon et quinze jours avant le chou-fleur dur. Sa feuille est un peu plus pointue que celle de ce dernier.

Le chou-fleur dur va très-bien en pleine terre et donne sa pomme le dernier, et quelquefois si tard, que la gelée le surprend avant qu'elle se soit formée.

Les grandes chaleurs nous forcent à arroser considérablement les choux-fleurs, et leur végétation devient si active, que le grain de sa pomme, au lieu de rester lisse, devient quelquefois comme poudreux, comme une étoffe de drap. Quand un chou-fleur est dans cet état, on dit qu'il a la *mousse* ou qu'il est mousseux : il n'a rien perdu de sa qualité, mais il n'a plus aussi bonne mine et n'est plus d'aussi bonne vente. Dès qu'on s'aperçoit qu'un chou-fleur tourne à la mousse, il faut cesser de l'arroser, afin de ralentir son trop de vigueur.

Moyen de conserver les pommes de chou-fleur pendant l'été.

Le chou-fleur étant un excellent légume, il est naturel qu'on ait cherché à en conserver au delà de la saison où il croît abondamment. On a conseillé d'arracher les pieds de chou-fleur à l'approche des gelées et de les replanter près à près dans une cave ou un cellier; on a conseillé de couper les têtes ou pommes des choux-fleurs, de les débarrasser des plus grandes feuilles et de les poser de côté, sur des planches ou des tables, dans un endroit à l'abri de la gelée et de la grande lumière. Ces deux procédés peuvent être bons pour conserver des pommes de chou-fleur pendant quinze jours, un mois; mais bientôt l'humidité les tache, et, une fois tachés, la pourriture les gagne de plus en plus, et leur conservation est compromise. Voici le moyen que nous employons, avec le plus grand succès, pour conserver les têtes ou pommes de chou-fleur, parfaitement saines et très-blanches, depuis le mois de novembre jusqu'au 15 avril et au delà.

D'abord il faut posséder, sous sa maison ou ailleurs, une espèce de cellier, enterré d'environ 1 mètre 66 centimètres, qui ait une fenêtre à chaque extrémité, pour pouvoir y établir un courant d'air (une cave voûtée en pierre ne serait pas aussi convenable). On fiche sur les côtés des solives du plancher un ou deux milliers de clous, à la distance de 27 à 30 centimètres l'un de l'autre : tous ces clous sont destinés à recevoir chacun un chou-fleur chaque hiver.

A la fin de novembre et par un jour sec, on fait choix, dans un carré de choux-fleurs durs, car ce sont ceux qui se gardent le mieux, on fait choix, disons nous, des plus belles pommes ; on les coupe un peu bas, de manière à leur laisser un trognon ou bout de tige long de 10 à 15 centimètres ; on détache entièrement les feuilles qui se trouvent sur le bas de ces trognons, mais on raccourcit seulement, à la longueur de 8 à 10 centimètres, celles qui avoisinent ou entourent la pomme du chou-fleur. Ces bouts de feuilles ménagés garantissent la pomme, par les côtés, contre les chocs et les pressions, mais n'en garantissent pas le dessus ; il faut donc, en les portant et les déposant sur une table dans le cellier où elles doivent être conservées, prendre bien garde de les froisser en aucune manière. Arrivées sur la table dans le cellier, le maître maraîcher achève de leur faire leur toilette, c'est-à-dire qu'il ôte des feuilles et du trognon ce qui lui paraît inutile ; ensuite il attache au trognon de chaque pomme une ficelle longue de 16 à 20 centimètres, et pend les pommes de chou-fleur, la tête en bas, aux clous des solives du plancher.

Quand les choux-fleurs sont ainsi pendus, dès la fin de novembre, il faut leur donner certains

soins pour en conserver jusqu'au mois d'avril; ce
sont ces soins que nous allons expliquer.

Tant qu'il n'y a ni gelée, ni grande pluie, ni
brouillard, on laissera les deux fenêtres du cellier
ouvertes, pour qu'il y ait, autant que possible, un
courant d'air pour chasser l'humidité, qui est très-
contraire à la conservation des choux-fleurs; si,
plus tard même, quand la gelée oblige de tenir les
fenêtres fermées, l'humidité se manifeste, on allume
dans le cellier quelques terrines de braise pour
sécher l'air; mais, ce qui est d'une nécessité encore
plus grande, c'est de visiter chaque chou-fleur, au
moins une fois par semaine, pour ôter les feuilles
qui peuvent pourrir sans tomber, pour voir si quelque partie de la pomme ne se tache pas, et livrer
à la consommation ceux de ces choux-fleurs qui
paraissent devoir se conserver le moins longtemps.

Pendant que les choux-fleurs sont ainsi suspen-
dus, ils se fanent un peu et peuvent diminuer de
volume d'environ un quart; mais on les fait revenir
à leur état naturel quand on se dispose à les porter à la halle : pour cela, on coupe quelques millimètres du bout du trognon, on plonge, à plusieurs
places, la pointe d'un couteau dans la chair du trognon, et l'on a sous la main un baquet d'eau fraîche
dans lequel on plonge ce trognon pendant vingt-
quatre ou trente-six heures, sans en mouiller la
tête; par cette opération, le chou-fleur reprend sa
fraîcheur, sa première grosseur, conserve sa blancheur, et ne perd rien de sa qualité : il ne diffère

d'un chou-fleur nouvellement cueilli qu'en ce qu'il a successivement perdu les portions de feuilles qui l'entouraient, soit parce qu'elles sont tombées d'elles-mêmes, soit parce qu'on les a ôtées, dans les visites, pour s'opposer à la pourriture.

Telle est la meilleure manière que nous ayons trouvée de conserver des choux-fleurs jusqu'au mois d'avril ; mais à présent nous avons renoncé à en conserver aussi long-temps : nous sommes forcés d'avoir tout vendu dès la fin de janvier, parce que, dès le mois de février, les courriers et les conducteurs de diligence apportent à Paris des brocolis du midi de la France et du Finistère, qui établissent une concurrence que nous ne pouvons plus soutenir ; et, si les chemins de fer se multiplient en France, cette concurrence pourra bien s'étendre jusqu'à nos choux-fleurs du printemps et causer un grand dommage à la culture maraîchère de Paris.

MACHE.

Plante de la famille des valérianes et du génre fedia. La mâche est une petite plante indigène annuelle, automnale, qui, jusqu'au printemps, ne montre que des feuilles étendues en rosette sur la terre, et, dans cet état, elle est bonne à être mangée en salade. Au printemps, sa tige se montre, se ramifie par dichotomie, s'élève à la hauteur de 12 à 18 centimètres, épanouit ses très-petites fleurs bleuâtres, mûrit ses graines et meurt. On en distingue deux espèces, la ronde et la régence.

MACHE RONDE.

CULTURE. — Cette espèce porte aussi le nom de doucette. Sa culture est des plus simples : on en sème la graine, au commencement de septembre, sur une terre non labourée ou très-plombée si elle a été labourée, et on répand sur le semis une légère couche de terreau, que l'on tient humide par des arrosages si le temps est au sec, jusqu'à ce que la graine soit levée. Il y a des maraîchers qui ne mettent même pas de terreau sur leur semis de mâche : ils grattent la terre avec un râteau pour enterrer la graine et arrosent au besoin. La seule précaution à prendre est de les semer assez clair pour que les plantes puissent étendre leurs feuilles en rond ou en rosette sur la terre, dans un espace de 6 à 7 centimètres, et que la graine soit très-peu enterrée ; autrement, elle ne lèverait pas.

On peut semer des mâches où il y a des choux-fleurs plantés, des choux de Bruxelles surtout, de la scarole déjà liée ; on retire le grand paillis s'il y en a, on sème entre les plantes et ensuite on herse la terre.

Ces mâches se cueillent depuis la fin d'octobre jusqu'à la fin de mars ; après cette époque, elles montent en graine et ne sont plus de vente : pour les cueillir, on en coupe la racine entre deux terres, on ôte les feuilles mortes ou défectueuses s'il y en a, et on les porte à la halle dans des calais.

LA RÉGENCE.

Celle-ci est une mâche plus tardive que la précédente; elle en diffère aussi par sa graine couronnée, par ses feuilles plus longues, plus larges, par leur couleur moins verte et plus blonde; elle est d'ailleurs, plus estimée.

CULTURE. — La régence se sème, dans le courant du mois d'octobre, encore plus clair que la précédente, parce qu'elle devient plus grosse ; à cela près, c'est absolument la même culture. Elle monte en graine moins promptement que la mâche ronde, et on peut cueillir de la régence, pour la vente, jusqu'à la mi-avril. Elle craint un peu le grand froid dans nos cultures : quand il survient de fortes gelées givreuses, il est bon de la couvrir d'un petit paillis.

POIREAU OU PORREAU.

Plante de la famille des liliacées et du genre ail ; elle a pour base un plateau produisant des racines simples en dessous et en dessus des feuilles en lame d'épée, longues d'environ 40 à 50 centimètres, s'emboîtant par en bas et formant une espèce de tige. Quand cette plante monte en graine , il sort d'entre ses feuilles une hampe droite, haute d'environ 1 mètre, terminée par une boule de fleurs verdâtres auxquelles succèdent de petites capsules

contenant les graines. Avec la même graine et
en la cultivant de trois manières différentes, nous
faisons trois sortes de poireaux qui ont chacune
leur nom en culture maraîchère : c'est la tige
formée de feuilles que l'on mange dans le poireau.

PORREAU COURT.

Culture.—Du 15 au 20 septembre, on laboure
et on sépare par des sentiers autant de planches
qu'on en veut semer en porreau : on sème la
graine sur ce labour; mais, comme ce porreau
ne doit pas être repiqué, il faut la semer fort
clair ou faire en sorte que chaque graine se trouve
à environ 5 centimètres l'une de l'autre. Pour arriver à ce résultat, nous employons 92 grammes
(3 onces) de graine pour semer 56 mètres superficiels. Quand la graine est semée, on herse avec
une fourche pour l'enterrer et briser les mottes,
ensuite on plombe le tout ; on peut semer un
peu de mâche après que la terre est plombée,
le coup de râteau qu'il faut donner ensuite, pour
égaliser la surface de la terre, enterrera suffisamment la graine de mâche ; après quoi, il n'y
a plus qu'à répandre sur le tout l'épaisseur de
12 ou 15 millimètres de terreau fin : on sent bien
que, si la saison est sèche, il faut mouiller pour
aider la germination.

Si après la levée le plant paraissait trop dru dans
quelques endroits, il faudrait arracher ce qui gêne,

pour que chaque porreau eût suffisamment de place pour se développer. Dans le courant de l'hiver, les mâches seront cueillies et vendues ; en mars et avril, on s'opposera à la croissance des herbes dans les porreaux ; on les arrosera souvent si le temps est sec et assez chaud, et dans la première quinzaine de mai les porreaux seront bons à être vendus.

Ce porreau est petit et n'a pas beaucoup de blanc, mais il est cependant recherché comme primeur, et parce qu'en mai les porreaux de l'année précédente sont tous montés.

PORREAU LONG.

CULTURE.—Du 20 au 30 décembre, on fait une couche haute de 48 à 54 centimètres et longue en raison de la quantité de graine que l'on veut semer, avec moitié de fumier neuf et moitié de vieux fumier que l'on mêle bien ensemble. On place un ou plusieurs coffres sur cette couche, on apporte dans ces coffres du terreau en quantité telle que, quand il est bien répandu dans tout un coffre, il y en ait l'épaisseur d'environ 8 centimètres ; on sème sur ce terreau de la graine de porreau très-dru, c'est-à-dire 61 grammes (2 onces) pour chaque panneau de châssis, on recouvre la graine de quelques millimètres de terreau, on plombe le tout avec le bordoir, on place les châssis sur les coffres et on couvre avec des

paillassons jusqu'à ce que la graine soit levée,
ce qui arrive au bout de sept ou huit jours. Quand
la graine est levée, tous les soins à lui donner con-
sistent à la faire jouir de la lumière dans le jour,
et de l'air quand le temps le permet, et de la couvrir la nuit pour la mettre à l'abri de la gelée.
A la mi-mars, le plant doit être bon à planter :
alors on laboure la terre qu'on lui destine, on
la dresse en planches, on les plombe, on y passe
le râteau et on y étend 15 millimètres de terreau ;
ensuite on arrache le plant de porreau, on lui
raccourcit les racines à la longueur de 2 centimètres, on lui coupe le bout des feuilles de manière que le plant n'ait plus que 18 centimètres
de long. Alors on prend un plantoir et on le plante
dans les planches préparées à 8 ou 9 centimètres
de distance, avec la précaution de faire les trous
bien perpendiculaires et d'enfoncer le porreau de
manière à ce qu'il ne reste que 3 ou 4 centimètres
hors de terre, car plus le porreau est enterré,
plus il y a de blanc et plus il a de prix ; aussitôt
qu'il est planté, il faut l'arroser, et, quand la sécheresse survient, le soutenir à la mouillure ; étant
bien suivi, il est bon à livrer à la consommation
dès la fin de mai et le commencement de juin : les
maraîchers l'appellent porreau du printemps et
porreau nouveau.

PORREAU D'AUTOMNE.

CULTURE.—Dans le courant de mars, on laboure une planche, on la herse, on y sème la graine de porreau assez dru qu'on enterre par un second hersage à la fourche, on la plombe et on la couvre d'un lit de terreau épais de 15 millimètres. S'il survient des hâles sans gelées, on arrose pour aider à la germination ; ensuite, quand le temps est devenu tout à fait doux, on arrose pour activer la végétation. Au commencement de juin, le plant est assez fort pour être planté à demeure ; alors on laboure, on dresse des planches et on y plante ce jeune plant, en le traitant absolument comme nous l'avons dit en parlant tout à l'heure du porreau long, avec cette différence que, le porreau d'automne devant supporter toute la chaleur de l'été, il doit être arrosé beaucoup plus abondamment et recevoir quelques binages dans sa jeunesse. Ce porreau est livré à la consommation dans le courant de l'automne et pendant tout l'hiver : il s'en fait une immense consommation.

CERFEUIL.

Plante de la famille des ombellifères et du genre dont elle porte le nom : c'est une plante annuelle à racine pivotante, à feuilles composées ; quand elle se dispose à fructifier, sa tige s'élève à envi-

ron 66 centimètres , se ramifie, et chaque ramification se termine par une petite ombelle de fleurs
blanchâtres auxquelles succèdent des fruits secs
subulés : on ne fait usage que des feuilles du cerfeuil.

CERFEUIL D'HIVER.

Culture. — Il n'est pas nécessaire de labourer
la terre pour semer ce cerfeuil : nous le semons
dans le courant de septembre, où il y a des choux-
fleurs plantés, dans des planches de scaroles et de
chicorées liées ; on l'y sème très-clair afin d'en
obtenir de belles et larges touffes , on enterre la
graine par un simple hersage au râteau ou à la
fourche. Ce cerfeuil se vend de décembre en février ; pour le livrer à la consommation, on le
coupe par le pied entre deux terres, on ôte les
mauvaises feuilles s'il y en a , et on le porte à la
halle par paquets ou dans des calais.

Le cerfeuil supporte des hivers assez rigoureux;
cependant on peut l'abriter avec une légère couverture de litière.

CERFEUIL DU PRINTEMPS.

Culture. — On sème ce cerfeuil, en février et
mars, en pleine terre de la manière suivante : on
laboure le terrain qu'on lui destine, on dresse ce
terrain par planches larges de 2 mètres 33 centimètres ; on trace avec les pieds onze ou douze

rayons dans la longueur des planches, et on sème la graine de cerfeuil assez dru dans ces larges rayons ; quand la graine est semée, on la couvre en abattant, avec un râteau, dans les sillons, la terre qui est entre deux ; ensuite on égalise avec le même râteau toute la surface des planches, sur lesquelles on étend l'épaisseur de 6 millimètres de terreau.

Quand le cerfeuil est levé, les petites gelées du printemps ne l'endommagent nullement. Dans une année ordinaire, ce cerfeuil a atteint la hauteur d'environ 15 à 20 centimètres vers quarante jours après le semis ; alors on le coupe à 3 centimètres de terre, et on le lie par petites bottes pour l'envoyer à la halle.

Le cerfeuil repousse promptement en cette saison, et, si on le soutient à la mouillure, il donnera une seconde récolte trente jours après la première : alors, si on n'a pas besoin de le laisser monter pour graine, on le retourne pour le remplacer par d'autres légumes, car il n'est plus en état de produire de belles feuilles.

CERFEUIL D'ÉTÉ.

CULTURE. — Quand le mois de mai est arrivé, le cerfeuil monte si vite en graine, qu'il est difficile d'en obtenir une récolte passable ; cependant il est nécessaire d'en avoir dans l'été et l'automne. Pour réussir, nous semons le cerfeuil à l'ombre, à l'endroit le plus frais de nos marais, de la même

manière que le cerfeuil d'été, mais peu à la fois,
et tous les huit ou dix jours, jusqu'au mois de septembre, où l'on recommence à semer pour l'hiver.

LAITUE.

Plante de la famille des composées et du genre
dont elle porte le nom. Il y a plusieurs espèces et
plusieurs variétés de laitue ; ce sont toutes plantes
à racine pivotante, à suc lactescent ; la plupart ont
les feuilles radicales nombreuses, larges, qui s'em-
boîtent et forment une tête ou pomme à fleur de
terre et qui est leur partie mangeable. Quand vient
l'époque de leur fructification, la pomme s'ouvre
au sommet, et il en sort une tige rameuse, haute
de 60 à 80 centimètres, qui se couvre de fleurettes
jaunâtres réunies plusieurs ensemble dans un
involucre commun et auxquelles succèdent les
graines. De toutes ces espèces ou variétés de laitue,
on n'en connaît que cinq dans la culture maraîchère de Paris ; nous allons les traiter successivement.

LAITUE HATIVE DITE PETITE NOIRE.

CULTURE. — On appelle, dans nos marais, cette
laitue *petite noire*, non qu'elle soit plus noire qu'une
autre, mais parce que sa graine est noire. Elle est
connue aussi sous le nom de laitue crêpe, parce
que ses feuilles sont très-gaufrées. Elle pomme

sous cloche sans air; nous la cultivons à froid de
la manière suivante :

Dans les premiers jours de septembre, on laboure un petit coin de terre en raison du nombre
de cloches que l'on veut y placer; après avoir
passé le râteau sur cette terre labourée, on y
étale du terreau de l'épaisseur de 3 centimètres
et on le plombe, non avec les pieds, mais avec
la pelle ou le bordoir; ensuite on prend une cloche, on la pose sur le terreau, et, en appuyant un
peu sur le sommet de la cloche, le rond de sa base
s'imprime sur le terreau; alors on relève la cloche,
on la repose à côté, on obtient une seconde empreinte, et ainsi de suite autant qu'on en a besoin;
alors on sème la graine de laitue petite noire assez dru
dans tous les ronds marqués sur le terreau; on
recouvre la graine d'un demi-centimètre de terreau et on place une cloche sur chaque rond; si
le soleil luit fort sur les cloches, on les ombrage avec
un paillasson ou mieux avec une litière claire : en
peu de jours la graine est levée; on continue de
veiller à ce que le plant ne soit pas brûlé par le
soleil, sans cependant lui donner de l'air. Bientôt
le plant a deux feuilles outre ses cotylédons, et il
ne faut pas tarder à le repiquer. Pour cela on prépare un *ados* (*voyez* ce mot, chapitre VIII) ou
plusieurs ados à 1 mètre l'un de l'autre et tous
inclinés au midi, et, quand ils sont couverts de terreau de l'épaisseur de 3 centimètres et bien
plombé, on place sur chaque ados trois rangs de

cloches en commençant par le rang de derrière
ou le plus haut et en l'alignant au cordeau ;
on place ensuite les deux autres rangs en
échiquier de manière que toutes les cloches se
touchent et que chacune marque son empreinte
sur le terreau.

Quand l'ados ou les ados sont ainsi clochés, on
va arracher avec précaution le plant dont nous
avons parlé et on vient le repiquer sous les cloches
des ados de la manière suivante :

On ôte quelques cloches d'un bout de l'ados en
ménageant bien l'empreinte du rond qu'elles y ont
fait ; on calcule les distances pour qu'il tienne vingt-
quatre ou trente plants dans chaque rond et que les
plus près du cercle en soient encore éloignés de
3 centimètres : alors on prend un plant de la main
gauche ; avec le premier doigt de la main droite
on fait un trou dans le terreau et la terre proportionné à la longueur de la racine du plant ; on
insinue cette racine dans le trou, et aussitôt on la
borne en appuyant contre elle la terre et le terreau avec le doigt de la main droite ; quand tout
le rond est ainsi planté, on remet la cloche dessus,
on en repique un autre, et ainsi de suite jusqu'à
ce que tout l'ados soit fini.

Ce plant n'a pas besoin d'être arrosé, mais il a
besoin d'être garanti du soleil, quand il luit ardemment, par des paillassons que l'on déroule sur les
cloches dans le milieu du jour.

Au bout d'environ vingt jours, le plant doit

avoir acquis la longueur d'une pièce de 5 francs et plus, et il est temps de le planter à demeure. On le plante toujours de la même manière, mais dans trois conditions différentes.

Première condition. — On fait des ados semblables à ceux où est actuellement le plant, on les cloche de même; on lève le plant avec la précaution de lui laisser une petite motte aux racines, et on le plante à la main, quatre par quatre, sous chaque cloche des nouveaux ados, en ayant soin de les placer de manière qu'il y ait assez de distance entre eux pour qu'ils puissent prendre tout leur développement, et en même temps assez loin du verre pour que leurs feuilles ne le touchent pas quand elles seront grandes et ne soient pas exposées à être brûlées.

Deuxième condition. — Dans cette saison (octobre), on a ordinairement de vieilles couches qui ne sont plus occupées et qui ont perdu toute leur chaleur; alors on relève leur terreau en forme d'ados, on le plombe avec le bordoir, on y place trois rangs de cloches en échiquier et on plante sous chacune d'elles quatre plants de laitue avec les soins et les précautions ci-dessus indiqués.

Troisième condition. — Au lieu de planter le plant de laitue sous cloche, on peut le planter sous châssis : ainsi, dans la première condition, on aurait pu faire des rigoles et enfoncer les coffres jusqu'à ce que la terre, dans

leur intérieur, ne fût plus qu'à 10 centimètres
(4 pouces) du verre, afin que la laitue qu'on y plantera
ne s'étiole pas; dans la seconde condition, on aurait
pu aussi remplacer les cloches sur les couches par
des coffres et leurs châssis, toujours en se sou-
venant que la laitue noire ne s'élève qu'à la hauteur de 8 centimètres (3 pouces), et qu'il est très-
avantageux que le verre du châssis ne soit qu'à la
distance de 2 à 3 centimètres de la laitue. Ceci
bien entendu, on plante de quarante à cinquante
laitues sous chaque panneau de châssis; on replace les panneaux de suite, afin que l'air ou le
froid ne saisisse pas les jeunes laitues, et, comme à
cette époque il peut arriver quelques petites gelées, il faudra s'en garantir en couvrant les châssis
et les cloches avec des paillassons.

La laitue petite noire traitée ainsi est parvenue
à sa grosseur à la fin de novembre et dans le commencement de décembre : elle ne pomme pas
aussi bien qu'au printemps, mais elle est très-
tendre et très-estimée dans cette saison tardive.
Nous devons avertir que c'est par ellipse qu'on dit
laitue petite noire, ou simplement petite noire;
il faudrait dire laitue à graine noire, quoiqu'il y
ait d'autres laitues qui ont aussi la graine noire.

OCTOBRE.

Nous venons de donner la culture à froid, pendant l'hiver, de la laitue hâtive dite *petite noire* ou *crépe ;* à présent, nous allons donner la culture forcée de cette même espèce, qui est la seule laitue qui ait la propriété de pommer sous cloche et sous châssis sans avoir besoin d'air : aussi nous ne la cultivons que sous châssis et sous cloche jusqu'en mars.

LAITUE PETITE NOIRE OU CRÊPE.

Culture forcée. — Il faut semer la graine de cette laitue, du 5 au 15 octobre, non en pleine terre comme précédemment, mais sur *ados* préparé comme il est dit chapitre VIII, et sous cloche ; et, comme le plant devra être repiqué très-jeune, on pourra faire le semis assez dru. En cette saison, la graine lèvera en quatre ou cinq jours, et, huit ou dix jours après, le plant sera bon à être repiqué : alors on le repique sur un ados semblable à celui où il a été semé, et on ne met que vingt-quatre plants sous chaque cloche, terme moyen.

En donnant à ce plant les soins ordinaires, il doit être large comme une pièce de 5 francs et plus, vers le mois de décembre, et bon à être planté en place ; alors on fait des couches sur terre, dites *couches d'hiver* (*voir* ce mot, chapitre VIII), et quand leur température est arrivée au point convenable, que leur terreau est bien préparé, les coffres placés dessus et assez pleins pour que le terreau ne soit qu'à 10 centimètres du verre, on lève le plant avec une petite motte et on vient le planter sur ces couches dans les coffres, de manière à en placer de 50 à 65 à distance égale sous chaque panneau de châssis, et que le rang du bas soit à 16 centimètres du bois, afin que l'ombre du devant du coffre ne l'étiole pas ; à mesure que l'on a planté la largeur d'un panneau, il faut de suite remettre ce panneau de châssis sur la jeune laitue, pour la garantir de l'air.

Quand la laitue est ainsi plantée, il faut la visiter au moins tous les huit jours, pour voir si quelques insectes ou mollusques ne la mangent pas et pour ôter les feuilles qui pourraient pourrir. Aux premières gelées, on entoure les couches d'un accot, afin de conserver leur chaleur et que le froid extérieur ne les pénètre pas ; on couvre les châssis avec des paillassons ; si le froid augmente, on emplit les sentiers de fumier sec jusqu'à la hauteur des coffres, on double les paillassons ; s'il tombe de la neige, on va secouer les paillassons en dehors des couches, on pousse par les bouts celle qui est tombée dans le sentier avant qu'elle ne fonde, afin qu'elle ne refroidisse pas les couches, ce qui nuirait beaucoup à la santé des laitues.

Chez les maraîchers qui prennent toutes les précautions possibles pour bien conduire leur plant en cette saison, il est d'usage, quinze jours ou trois semaines après que la laitue est plantée et que son cœur commence à se former, de lui supprimer les deux ou trois feuilles avec lesquelles on l'a plantée, lesquelles feuilles alors sont devenues fort grandes et ne peuvent plus contribuer à former la pomme ; cette opération s'appelle *éplucher* : dans les plantations de mars, elle est moins nécessaire, et on peut la négliger.

Plusieurs maraîchers ont pris l'habitude, depuis quelques années, de semer sur leurs couches de la graine de carottes hâtives en même temps qu'ils y plantent de la laitue, et ces carottes succèdent aux laitues ; mais d'autres n'approuvent guère cette culture, et ils préfèrent semer leurs carottes hâtives sur une couche à part avec des radis.

La laitue noire ou crêpe, semée du 5 au 15 octobre et plantée au commencement de décembre, est pommée et bonne pour la vente vers la fin de janvier et le commencement de février.

C'est sur ces couches à laitue que nous plantons aussi nos choux-fleurs, petit et gros salomon, comme nous l'avons dit.

Mais, dans le courant de décembre et janvier, il peut arriver un temps qui ne permette pas de faire des couches, ni de planter, tandis qu'on a encore beaucoup de plants de laitue repiqués sur les ados, et il faut garantir ce plant des rigueurs de la saison, pour le planter plus tard. On commence par faire un accot sur le derrière de l'ados, et on couvre les cloches, la nuit, avec des paillassons. Si la gelée augmente, on met du fumier très-court, très-sec et très-serré entre les cloches, d'abord de l'épaisseur de 10 à 12 millimètres, et enfin de la hauteur des cloches si le froid continue d'augmenter, et, par-dessus tout cela, des paillassons simples ou doubles, triples même au cas de besoin ; et, quand le soleil luit par une belle gelée, on ôte les paillassons, on dégage le bonnet des cloches, afin que les rayons du soleil pénètrent, réchauffent et révivifient le plant de laitue qui est dessous, et, dès trois heures de l'après-midi, on recouvrira pour la nuit suivante. Mais enfin le temps se radoucit, et, quand il n'y a plus de fortes gelées à craindre, on fait ce que l'on appelle des couches à laitue, c'est-à-dire des couches qui n'ont que 32 centimètres (1 pied) d'épaisseur de fumier chargé de 10 centimètres (4 pouces) de terreau ; on place sur ce terreau trois rangs de cloches en échiquier, et on plante sous chaque cloche quatre laitues noires et une romaine au centre ; on continue de couvrir et découvrir, selon la température atmosphérique, jusqu'à ce que la laitue soit pommée.

Celles de ces laitues noires ou crêpes qui ont été plantées sur couche et sous châssis, vers le 10 décembre, sont pommées et bonnes à vendre dans le courant de janvier ; celles qui ont été plantées plus tard sur couche et sous cloche sont pommées et bonnes à vendre dans le courant de février et en mars.

LAITUE GOTTE.

Cette espèce ne peut pas être traitée comme la précédente, parce qu'elle ne peut pas pommer sans air : elle est d'ailleurs moins hâtive, devient plus grosse et pomme mieux ; elle est très-estimée.

CULTURE. — On sème la laitue gotte, du 20 au 25 octobre, sur ados, comme la petite noire en culture forcée, et on lui donne absolument les mêmes soins, le même traitement, quoiqu'elle soit moins sensible à la gelée. Comme elle est moins hâtive que la petite noire, nous la laissons sur les ados jusqu'à ce que la petite noire soit vendue, et nous la mettons à sa place sur les couches. Pour cela, nous ne touchons pas au fumier de ces couches, nous en labourons seulement le terreau qui est dans les coffres avec une fourche à trois dents, et, quand il est bien égalisé, on y plante, fin de janvier et commencement de février, la laitue gotte, à raison de trente laitues par panneau de châssis : on les préserve du froid et de la gelée par les moyens indiqués pour la laitue noire ; mais on ne négligera pas de leur donner de l'air toutes les fois que le temps le permettra, en mettant la cale sous le bord des châssis par derrière.

Mais, si la laitue gotte n'était pas encore pommée quand le beau temps est assuré, on ôterait entièrement les châssis, et elle achèverait de pommer à l'air.

Au lieu de planter la laitue gotte sous châssis, on peut la planter sur les mêmes couches, mais sous des cloches disposées sur trois rangs et en échiquier ; alors on en place trois pieds sous chaque cloche, à condition qu'on les préservera du froid par les moyens indiqués pour les ados, et on donnera de l'air au moyen de petites crémaillères en bois aussi souvent que le temps le permettra.

Enfin la laitue gotte se plante aussi en pleine terre et sous cloche. Pour cela, on laboure et on divise bien la terre; on y passe le râteau; on y étend l'épaisseur de 3 centimètres de terreau qu'on égalise avec un râteau; après quoi, on le plombe bien; ensuite on place sur ce terreau des cloches en lignes et en échiquier, et on plante trois laitues sous chaque cloche : quand elles sont bien reprises, on leur donne de l'air au besoin.

En résumé, la laitue gotte plantée sous châssis, fin de janvier, est pommée à la fin de mars; celle plantée sur couche et sous cloche, en février, pomme au commencement d'avril; enfin celle plantée sur terre sous cloche ou sous châssis, fin de février, pomme vers le 15 avril.

LAITUE GEORGES.

Cette laitue devient plus forte et supporte mieux les petites gelées que la laitue gotte; elle se distingue par sa couleur, qui est un vert blanchâtre.

CULTURE. — On sème cette laitue dans la première quinzaine de novembre, sur ados, et elle se soigne absolument comme les précédentes : on la repique à vingt-quatre par clochée. Dans le courant de février, on a ordinairement des couches vides après avoir rapporté des laitues crêpe ou petite noire; alors on laboure à la fourche le ter-

reau de ces couches ; on y place des cloches par
rang et en échiquier, comme nous l'avons déjà dit,
et on plante trois laitues sous chaque cloche. Quand
cette laitue est reprise, on lui donne de l'air le plus
possible, car, nous le rappelons, de toutes les laitues il n'y a que la petite noire qui puisse pommer
sous cloche sans air. La laitue Georges, traitée
comme il vient d'être dit, sera pommée à la fin de
mars.

Mais, comme cette laitue peut supporter quelques petites gelées, on fait durcir le plant qui est
resté sur les ados, en soulevant d'abord les cloches
par derrière, puis en les ôtant tout à fait dans le
jour, et dans le courant de mars on plante ce
plant en côtière au midi, où, avec les soins convenables, il pommera et sera livrable à la consommation dans le courant de mai : on n'en sème pas au
printemps.

LAITUE ROUGE.

Cette laitue diffère de la précédente par sa couleur rouge, par son plus gros volume, et parce
qu'on la cultive jusqu'en juin.

CULTURE. — On sème la laitue rouge, vers le
15 octobre, sur ados, on la repique également sur
ados et sous cloche, et on lui donne les mêmes soins
qu'aux laitues précédentes. Dès que le temps se radoucit vers la fin de février, on l'accoutume à l'air
en soulevant les cloches d'un côté, et, les premiers
jours de mars, on ôte les cloches si le temps le

permet. Alors on prépare une côtière et on y plante cette laitue, avec la précaution à prendre, pour toutes les laitues, de n'enterrer que la racine, et nullement les feuilles, afin que la pomme soit plus grosse par en bas que par en haut, ce qui contribue à leur belle forme et leur donne plus de prix.

Quand vient la fin de mars, on en plante en plein carré, c'est-à-dire sans abri. Après avoir bien labouré la terre, l'avoir divisée en planches larges de 2 mètres 33 centimètres (7 pieds), les avoir plombées et recouvertes de 2 centimètres de terreau, on trace sur chaque planche dix ou onze lignes avec les pieds, et on y plante la laitue, en laissant une distance de 45 centimètres environ entre chaque pied dans les rangs.

Dans cette saison, les arrosements sont encore modérés, et on doit considérer l'état de l'atmosphère pour juger si on doit arroser ou ne pas arroser de suite la laitue que l'on vient de planter : dans tous les cas, elle doit être pommée et bonne à envoyer à la halle vers la fin de mai.

LAITUE GRISE.

Celle-ci diffère des précédentes en ce qu'elle est plus verte et mouchetée et qu'on la cultive tout l'été, même jusqu'en octobre.

CULTURE. — On sème cette laitue depuis mars jusqu'en juillet et au delà, afin d'en avoir jusqu'aux gelées.

On la sème ou sur terre ou sur un bout de couche, et clair, parce qu'on ne la repique pas. Il convient d'en semer peu à la fois, et tous les dix ou douze jours, afin de n'en pas manquer dans le courant de l'été. Quand le plant est bon à planter, on prépare des planches par un bon labour que l'on terreaute pendant le printemps et que l'on couvre d'un paillis pendant l'été; et, comme cette laitue vient plus grosse que la précédente, on n'en plante que neuf ou dix rangs dans une planche large de 2 mètres 33 centimètres, et on place les pieds à 40 ou 48 centimètres l'un de l'autre dans les rangs. Si une laitue est sujette à se moucheter, c'est celle-ci; aussi nous ne l'arrosons pas dans l'ardeur du soleil.

LAITUE A COUPER.

Depuis que la culture maraîchère fournit des laitues pommées pendant tout l'hiver, elle ne fait plus de laitues à couper ; cependant nous allons en dire un mot. Plusieurs laitues d'une teinte blonde, agréable, telles que la laitue gotte, peuvent faire de la laitue à couper; mais il y a une espèce particulière qui est très-blonde, qui ne pomme pas, dont la graine est blanche et fort longue et qui n'a pas d'autre nom que celui de *laitue à couper*, parce qu'elle n'est bonne que pour cet usage, puisqu'elle ne pomme pas. C'est donc la graine de cette espèce que l'on sème assez épais, en février et mars,

sur une couche tiède; si on la recouvre de cloches, la laitue vient plus vite et elle est plus tendre;
quand elle est haute de 4 à 5 centimètres, on la
coupe à quelques millimètres de terre et on l'emploie en salade. On peut aussi en semer sur ados
et sous cloche, pour succéder à celle qui a été semée sur couche; mais, nous le répétons, aussitôt
que l'on voit de la laitue pommée, on ne veut plus
de laitue à couper.

LAITUE DE LA PASSION.

Les maraîchers de Paris ne cultivent pas plus
cette laitue que celle à couper; mais, puisqu'elles
sont l'une et l'autre cultivées dans les potagers où
il y a peu ou point de culture forcée, nous devons
parler aussi de la laitue de la Passion.

Cette laitue se sème, à la fin du mois d'août, en
pleine terre, assez clair, parce qu'on ne la repique
pas; quand le plant est assez fort, on le plante dans
une plate-bande abritée, où elle passe l'hiver ordinairement sans abri, parce que c'est la plus robuste
de toutes les laitues et qu'il faut un hiver bien rude
pour l'endommager. Au printemps, on lui donne
un binage et elle pomme vers la semaine sainte,
d'où son nom laitue de la Passion.

Il y a encore beaucoup d'autres laitues, plus ou
moins estimées, dont nous ne parlons pas, parce
qu'elles ne sont pas cultivées par les maraîchers de
l'enceinte de Paris.

ROMAINE, CHICON.

La romaine est placée dans le genre laitue par les botanistes; mais elle a un port si différent, que les cultivateurs sont bien excusables de ne pas s'en douter. En effet, tandis que la laitue forme une pomme arrondie, haute seulement de 10 à 12 centimètres, avec des feuilles rondes pressées les unes sur les autres, la romaine forme une colonne haute de 20 à 25 centimètres, avec des feuilles longues et étroites, d'une plus forte consistance, et dont le sommet, courbé en capuchon, couvre et conserve le cœur de la plante. D'ailleurs, la laitue et la romaine tiennent le premier rang parmi les salades et concourent simultanément à l'approvisionnement de nos marchés.

On compte plusieurs variétés de romaine plus ou moins estimées; mais les maraîchers de Paris n'en cultivent que trois, et chacune d'elles porte un nom caractéristique.

ROMAINE VERTE DITE DE PRIMEUR.

Celle-ci est la plus convenable en culture forcée, parce qu'elle pomme ou se coiffe plus tôt que les autres; elle est aussi un peu plus petite : on ne la cultive que jusqu'au commencement de mai.

CULTURE FORCÉE. — On sème la graine de cette romaine dans les premiers jours d'octobre. Sa cul-

ture est presque en tout semblable à celle de la
laitue petite noire : nous pourrions y renvoyer le
lecteur, mais nous préférons nous répéter, dans la
crainte de laisser quelque obscurité.

Dans la première huitaine d'octobre, on laboure
dans un endroit bien abrité, exposé au midi, l'é-
tendue de terre proportionnée à la quantité de
graine que l'on se propose de semer; quand ce labour est bien hersé à la fourche et qu'on y a passé
le râteau, on étend dessus un lit de terreau épais
de 2 centimètres, qu'on égalise bien et que l'on
plombe avec le dos d'une pelle ou d'un bordoir;
ensuite on place sur ce terreau une cloche, que
l'on appuie assez pour qu'elle marque bien le rond
de sa base; on la relève, on la place à côté pour
marquer un autre rond, et ainsi de suite; quand il
y a assez de ronds marqués, on sème la graine dans
chaque rond, on la recouvre de 1 centimètre de
terreau fin, et on place une cloche sur chaque
rond.

Telle est la manière la plus générale de semer la
romaine verte; mais on peut la semer aussi sur un
bout de vieille couche, dont on aura retourné et
plombé le terreau, ou sur un ados préparé comme
nous l'avons dit pour la laitue noire.

Au mois d'octobre, la graine doit lever en trois
ou quatre jours, et, quoique le soleil ne soit guère
à craindre en cette saison, on prend garde qu'il ne
fatigue le jeune plant sous les cloches. Douze ou
quinze jours après, le plant doit être bon à repi-

quer : alors on forme des ados (*voir* ce mot, chapitre VIII) en nombre convenable, on les cloche
et on procède au repiquage. Nous rappelons ici
qu'on doit toujours soulever le plant que l'on veut
repiquer, en passant une houlette au-dessous des
racines et faisant une petite pesée, afin qu'en tirant
ensuite le plant par les feuilles, ses racines ne se
brisent pas, et qu'elles emportent un peu de terre
avec elles. Aussitôt qu'on a levé un peu de plant,
il faut de suite aller le repiquer sous les cloches de
l'ados préparé à cet effet ; on repique vingt-quatre
ou trente plants de romaine sous chaque cloche,
avec les soins et les précautions que nous avons
expliqués précédemment, et, dès qu'une clochée est
repiquée, on remet de suite la cloche dessus.

En très-peu de jours le plant est repris, et, comme
le temps est encore assez doux et que la romaine
aime l'air, on lui en donne en soulevant les cloches
par derrière, de deux travers de doigt, dans le milieu du jour, au moyen d'une crémaillère appro-
priée à cet usage, et on les rabaisse le soir.

Cependant il arrive quelquefois que le temps reste
assez doux tout novembre et une partie de décembre, comme, par exemple, dans l'année 1843,
et que, malgré l'air que l'on donne au plant de
romaine, il devient grand trop promptement; alors,
dans la vue de le retarder, nous le *retransplantons*
on *rechangeons*, et cette opération s'exécute en
faisant de nouveaux ados et en y replantant notre
plant ; mais, cette fois-ci, au lieu de vingt-quatre

11

et trente plants, nous n'en mettons que dix-huit ou vingt sous chaque cloche, et on continue de lui donner de l'air le jour et la nuit.

Mais enfin les fortes gelées arrivent : d'abord on retire l'air, on couvre avec des paillassons, on fait un accot derrière les ados; on met du fumier très-court et très-sec, bien pressé entre les cloches, de la hauteur de 10 à 15 centimètres ; si le froid augmente, on met de ce fumier court, appelé *poussier,* jusqu'au haut des cloches, on double ou triple les paillassons. En prenant toutes ces précautions à propos, il est rare que le plant puisse être atteint de la gelée. Quand le fort du danger est passé, on découvre avec circonspection peu à peu, on rend d'abord la lumière au plant par le haut des cloches; ensuite, tout à l'entour, on donne de l'air, si le temps le permet. C'est parmi ce plant de romaine verte qu'en janvier et février on choisit les plus beaux pieds pour planter, un entre quatre de laitue noire, sous cloche, sur les couches à laitue, et ils deviennent la première romaine que nous livrons à la consommation, dès la première huitaine de mars : c'est notre romaine forcée.

Mais il reste encore beaucoup de plants sur les ados, que nous emploierons plus tard, et il faut continuer de les soigner. Si le froid est encore à craindre, il faut d'abord les en préserver, puis profiter de tous les moments pour leur donner de l'air, en soulevant les cloches d'un côté pendant le jour d'environ 4 centimètres pour commencer, ensuite de 6, 8, 10, 15 centimètres, selon la température atmosphérique; enfin, quand le temps ne paraît plus à craindre, on ôte les cloches tout à fait, car il faut ce plant se raffermisse, se fortifie à l'air, avant que de le planter à demeure, soit sur couche, soit en pleine terre.

Dès la fin de janvier et la première quinzaine de février, si la terre n'est pas gelée, tous les maraîchers plantent de la romaine verte en côtière, au midi. On laboure et on dresse cette côtière comme à l'ordinaire; on y sème de la graine de carotte courte, ou de panais, ou de porreau un peu clair, puis on herse avec une fourche pour enterrer cette graine, on passe le râteau, on répand sur le tout 2 centimètres de terreau, et, quand il est bien étendu, on trace les rayons dessus avec les pieds.

Il y a des côtières plus ou moins larges; celles qui sont protégées par un mur sont ordinairement les plus larges; sur celle qui a 2 mètres 66 centimètres (8 pieds) de largeur, on peut y tracer quatorze ou quinze rayons; après quoi, on va aux ados lever du plant de romaine verte, et on vient le planter dans ces rayons à environ 33 centimètres (1 pied) l'un de l'autre. Il va sans dire que l'on a choisi le meilleur plant, qu'on l'a levé avec toutes ses racines et un peu de terre, qu'on a bien ménagé et bien placé toutes ses racines dans le trou et qu'on les a bornées convenablement avec le plantoir.

Mais, dans les côtières bien exposées, on plante rarement tous les rayons en romaine verte; on

laisse ordinairement deux ou trois rayons pour des
choux-fleurs demi-durs, qu'on y plante en même
temps.

La romaine verte, plantée ainsi en côtière au
commencement de février, est coiffée dans la première quinzaine de mai, et les choux-fleurs qu'on
y a plantés en même temps donnent leur pomme
dans la première quinzaine de juin.

Quoique la romaine verte se coiffe bien toute
seule, on la rend plus ferme en la liant, dans les
trois quarts de sa hauteur, avec un brin de paille
mouillée.

Il y a des années où le mois d'avril et le commencement de mai sont chauds; d'autres fois, on
éprouve, en mars et avril, des hâles desséchants :
alors les plantations en côtière, comme la romaine
et les choux-fleurs dont nous venons de parler,
ont besoin d'être arrosées fréquemment dans cette
saison.

En mars, on plante aussi la romaine verte en
plein carré, mais on ne la cultive plus dans l'été ;
elle est remplacée par les suivantes.

ROMAINE GRISE.

Celle-ci est plus grosse et plus sensible à la
gelée que la romaine verte : on la sème et plante
tout l'été.

CULTURE. — La romaine grise se sème à la fin
d'octobre, c'est-à-dire quinze jours ou trois se-

maines après la romaine verte et de la même manière, sur terre ou sur ados, se repique de même
sur ados et sous cloche, et se garantit de la gelée
pendant l'hiver par les mêmes moyens ; mais on la
plante seulement dans la première quinzaine de
marset en plein carré, c'est-à-dire sans abri et de
la manière suivante :

On laboure et on dresse une ou plusieurs
planches, et on y sème, si l'on veut, de la graine
de radis ou de persil, ou d'oseille ; on enterre ces
graines par un hersage à la fourche et on plombe
la terre avec les pieds ; après y avoir passé le râteau et étendu par-dessus un lit de terreau épais
de 1 à 2 centimètres, on trace les rayons avec les
pieds. Si on a semé des graines dans une planche
large de 2 mètres 33 centimètres, on n'y trace
que huit rayons ; si on n'y a pas semé de graine,
on y trace neuf ou dix rayons, et l'on y plante le
plant de la romaine grise en mettant 48 centimètres de distance entre chaque pied, dans les
rangs, s'il n'y a pas de graine semée ; mais, s'il y en
a, chaque pied doit être espacé de 54 à 60 centimètres (20 à 22 pouces).

Quand les hâles ou la chaleur commencent à se
faire sentir, il faut donner de temps en temps une
petite mouillure à cette romaine, dans la matinée
plutôt que le soir, parce qu'elle est sensible à la
gelée, et que les mouillures du soir en mars et
avril, même jusqu'au 15 mai, peuvent devenir dan-
gereuses en attirant la gelée sur les endroits hu-

mides : la romaine grise, plantée en mars, se coiffe
en mai ; on la lie avec un brin de paille et elle est
bonne à vendre à la fin du mois.

Mais ce n'est pas là la seule récolte ou la seule
saison que l'on puisse faire avec la romaine grise :
en mars nous la semons sur un bout de couche,
et nous plantons sans l'avoir repiquée ; en avril nous
la semons assez clair en pleine terre pour pouvoir
la planter sans repiquage préalable ; enfin nous en
semons tous les quinze ou dix-huit jours, jusqu'à
la fin de juillet ou le commencement d'août, afin
d'en avoir tout l'été et jusqu'à ce que la scarole et
la chicoré donnent ; car alors la romaine n'est plus
assez recherchée pour que nous la cultivions jusqu'aux gelées.

Il va sans dire que, pendant tout l'été, nous
plantons cette romaine à la distance et de la manière indiquées tout à l'heure, avec cette différence
que, quand nous n'y mêlons pas de graine, nous
couvrons la planche avec un bon paillis au
lieu de terreau, parce que le paillis conserve mieux
l'humidité dans la terre que le terreau, qui, en
raison de sa couleur noire, absorbe la chaleur et
dessèche la terre ; nous couvrons nos planches de
terreau l'hiver et le printemps, parce qu'il absorbe
la chaleur, que la terre en a besoin à cette époque, et qu'il attire moins l'humidité que le paillis ;
mais, quand les chaleurs sont arrivées, nous préférons le paillis pour couvrir nos planches avant de
les planter, et n'employons plus le terreau que

pour couvrir nos semis et empêcher la terre de durcir.

Autre observation : la pratique nous a appris que, pendant l'été, si nous arrosons nos romaines durant le grand soleil avec l'eau froide de nos puits, quand elles sont près de se coiffer ou déjà coiffées, cela détermine dans leur intérieur des taches de pourriture ; nous disons alors que la romaine est *mouchetée* : dans cet état, elle n'est plus bonne pour la vente. La même observation a été faite sur des scaroles, sur des chicorées, quand leur cœur s'emplit, quand elles sont bonnes à lier ou déjà liées ; de sorte qu'il est de règle, dans nos marais, quand ces plantes sont arrivées à cet état de croissance, de ne plus les arroser à l'ardeur du soleil.

ROMAINE BLONDE.

Celle-ci est la plus agréable à la vue par son vert blond ; elle est aussi plus grosse, plus tendre, mais elle a l'inconvénient de se tacher ou pourrir quelquefois en dedans lorsqu'elle se coiffe.

CULTURE. — La romaine blonde se sème à la fin d'octobre et dans le commencement de novembre absolument comme la romaine grise, se repique sur ados et se conserve, tout l'hiver, par les mêmes soins ; on peut aussi en repiquer sous châssis à froid, et en mettre jusqu'à trois cents sous chaque panneau, à condition que l'on prendra tous les

moyens connus pour ne pas laisser la gelée pénétrer dans les coffres. Cependant nous ferons observer que le plant de romaine repiqué sous châssis ne vient jamais aussi beau que celui repiqué
sous cloche.

En mars, on plante la romaine blonde en plein
carré, et on la traite absolument comme nous venons de le dire pour la romaine grise; on sème de
l'une et de l'autre tous les dix ou douze jours, depuis mars jusqu'à la fin de juillet, pour ne pas
manquer de plant, et elles se plantent de la même
manière tout l'été. Dans les grandes chaleurs, la
romaine blonde est sujette à se moucheter au centre, si on l'arrose dans le milieu du jour.

NOVEMBRE.

Dans la culture maraîchère de Paris, telle
qu'elle se pratique généralement de nos jours, il
y a peu de semis à faire pendant ce mois et
le suivant. Dans celui-ci, il peut arriver qu'on
ait besoin de ressemer un peu de graine de romaine grise et de la blonde, de la laitue gotte
et de la laitue Georges, et que l'on repique sur
ados comme il est dit précédemment. La principale occupation des jardiniers maraîchers, dans
ce mois, est la continuation du repiquage du
plant de laitue et de romaine des dernières semées,

de faire de nouveaux ados pour *rechanger* le plant de romaine repiqué en octobre : on rechange aussi, c'est-à-dire on met sous d'autres châssis les choux-fleurs petit et gros salomon, le demi-dur et le dur ; la laitue seule ne se rechange jamais.

C'est surtout quand novembre et décembre sont doux, qu'on est obligé de rechanger ou de repiquer une seconde fois ces sortes de plants, afin qu'ils ne grandissent pas trop vite avant la saison où il sera possible et convenable de les planter ou sur des couches ou en pleine terre : ce second repiquage les retarde d'environ quinze jours, et, comme dans cette seconde opération on renfonce en terre le collet de la romaine d'environ 12 millimètres et celui des choux d'environ 3 centimètres, ces plants font de nouvelles racines qui les fortifient et les rendent plus robustes pour résister au froid ; d'ailleurs on continue de leur donner les mêmes soins qu'auparavant.

Les maraîchers de Paris repiquent aussi, dans ce mois, l'oignon blanc à demeure (*voir* son article, page 94) ; ils plantent encore à demeure les choux d'York, pain-de-sucre et cœur-de-bœuf (*voir* l'article *Chou*, page 104). On ne sème guère, dans ce mois, que le légume suivant.

POIS.

Plante de la famille des légumineuses, de la section des *viciées* et du genre dont elle porte le nom. Il y a plusieurs espèces de pois; mais il n'y a qu'une espèce cultivée pour la nourriture de l'homme, et cette espèce a produit plusieurs variétés : toutes sont annuelles, débiles, hautes de 3o centimètres à 1 mètre 6o centimètres, ayant des feuilles ailées dont le pétiole commun se termine par une vrille; les fleurs sont axillaires, ordinairement blanches, assez grandes, et il leur succède des cosses longues de 6 à 12 centimètres, qui contiennent des graines rondes connues sous le nom de pois : ce sont ces pois que l'on mange, et quelquefois la cosse de certaines variétés.

POIS MICHAUX DE HOLLANDE.

On choisit cette variété, qui a passé jusqu'ici pour être la plus hâtive et la plus propre à être cultivée sous châssis; mais, s'il s'en présentait une autre qui lui disputât la précocité, comme par exemple, le pois prince Albert, et encore une autre, on l'abandonnerait pour donner la préférence au nouveau venu, ne fût-il plus précoce que de vingt-quatre heures. Au reste, la culture des pois de primeur n'est pas dispendieuse, elle n'exige pas de chaleur artificielle, elle ne veut que la chaleur du soleil au travers des châssis : voici donc la manière assez simple d'avoir des petits pois vers le 15 mars.

Vers le 20 novembre, on laboure autant de planches qu'on veut en avoir en pois de première saison et on en divise bien la terre; on entoure ces planches de coffres à melon, et on sème dans chaque coffre cinq rangs de pois, dans le sens de la longueur des coffres, en mettant les pois à environ 3 centimètres l'un de l'autre; on emplit les sentiers de vieux fumier froid, non susceptible de s'échauffer; ensuite on place les panneaux sur les coffres. Quand le froid arrive, on a soin de tenir le fumier des sentiers toujours à la hauteur des coffres, afin d'empêcher la gelée de pénétrer sous les châssis, et on met des paillassons sur ces châssis dans le même but; mais on a soin de les ôter toutes les fois que le soleil luit, afin que les pois s'étiolent le moins possible. Quand, vers le commencement de février, les pois sont près de toucher le verre, on les couche vers le derrière du coffre, en posant des lattes dessus, à la hauteur d'environ 16 à 18 centimètres; en peu de jours, leur extrémité se redresse, on retire les lattes, et le bas des tiges reste couché : cette opération les fait se ramifier et les rend plus trapus. Bientôt les pois s'élèveront encore jusqu'au verre; mais on élèvera les coffres en mettant des bouchons de paille sous les encoignures, et on emplira les sentiers de vieux fumier sec, pour empêcher l'air et le froid de pénétrer jusqu'aux pois par-dessous les coffres. On donnera de l'air en soulevant un peu les châssis par derrière, toutes les fois que le soleil luira un peu fort. On étêtera, selon l'usage, les pois au-dessus de la troisième ou quatrième fleur, et on leur mettra des petites rames, si on le juge nécessaire, pour que la lumière circule mieux entre les tiges et les feuilles.

En semant ainsi des pois, tous les quinze jours, de novembre en février, on aura des petits pois jusqu'à ce que ceux semés à l'air libre fructifient.

Nous devons cependant faire observer que la culture des pois de primeur n'est pas très-lucrative, en ce qu'elle exige une grande quantité de châssis qui pourraient être employés dans d'autres cultures plus profitables : ainsi on fait plus d'argent avec un panneau de laitues, de carottes, qu'avec un panneau de pois, et cela explique pourquoi si peu de maraîchers font des pois de primeur.

DÉCEMBRE.

Si, dans ce mois, on a peu ou point de semis à faire, d'un autre côté on a beaucoup à planter en culture forcée, et, si la saison n'est pas par trop rigoureuse, le maraîcher primeuriste a beaucoup d'occupation. Il faut premièrement, quel que soit le temps, qu'il soigne et conserve tous les plants qu'il a sous cloche sur les ados; s'il paraît un rayon de soleil, il faut découvrir, pour que les plantes en jouissent au travers des cloches, et recouvrir avant la nuit : c'est le mois où l'on doit faire beaucoup de couches à laitue et de couches à raves et radis, planter les unes et semer les autres. C'est la laitue petite noire, ou hâtive, ou crêpe, que l'on plante sur couche et sous châssis en cette saison rigoureuse, parce que c'est la seule, comme nous l'avons dit plus haut, qui puisse pommer passablement sous cloche et sous châssis : on se souviendra aussi qu'on en plante de cinquante à soixante-cinq par châssis, et qu'il faut l'abriter du froid par tous les moyens indiqués, sans cependant exciter une trop forte chaleur sous les panneaux de châssis; car, si la laitue, en général, lève très-bien à la grande chaleur humide du fumier, elle pomme mal à cette même chaleur; il ne lui faut donc qu'une chaleur modérée : ainsi, en gouvernant bien cette laitue noire plantée sur couche et sous châssis en décembre, elle sera pommée et livrable à la consommation vers la fin de janvier et le commencement de février.

RAVE, RADIS.

La rave et le radis sont deux variétés de la même espèce et du genre raifort, de la famille des crucifères : ce sont des plantes annuelles, à feuilles radicales étalées, pinnatifides à la base, et dont la tige devient haute de 1 mètre, rameuse, porte des fleurs violâtres, cruciées, auxquelles succèdent des siliques renflées, tortueuses, aiguës, qui contiennent les graines. Dans les variétés cultivées, la racine est simple, pivotante, charnue, fusiforme ou arrondie, blanche, rose, violette ou noire. Les racines seules sont comestibles et se mangent crues. Il y a, au sommet de la rave et du radis, deux oreillettes, dont l'origine, très-singulière, n'a été expliquée convenablement qu'en 1838 (1).

RAVE VIOLETTE HATIVE.

On a cultivé en différents temps différentes variétés de raves; mais depuis quelques années nous nous en tenons à la rave violette hâtive pour nos cultures forcées, parce que nous y trouvons plus d'avantage, en ce qu'elle est plus recherchée : nous en disons autant pour le radis rose demi-long.

CULTURE FORCÉE, *première saison.* — C'est à la fin du mois de décembre qu'on sème cette rave pour primeur; alors on fait une ou plusieurs couches, comme il est dit chapitre VIII; on place les coffres dessus; on y met du terreau de l'épaisseur de 14 à 16 centimètres (5 à 6 pouces), et on couvre avec les châssis, pour que la couche s'échauffe plus vite; on y ajoute même des paillassons si la gelée domine. Quand la chaleur est tombée au point convenable, on égalise le terreau, on sème la graine de rave assez clair pour que les raves se trouvent à 2 centimètres l'une de l'autre, on la recouvre de 12 millimètres de terreau, et on replace

---

(1) Par P. J. F. Turpin, dessinateur, botaniste physiologiste, mort membre de l'Académie des sciences en 1840.

Décembre

les châssis de suite. En moins de cinq jours, la graine est levée; alors il faut donner de l'air tous les jours, s'il est possible, car la rave vient fort mal sans air. D'un autre côté, on ne négligera aucun des moyens indiqués pour empêcher la gelée de pénétrer sous les châssis. Si le temps n'est pas trop contrariant, la rave sera bonne après quarante jours de semis.

RADIS ROSE DEMI-LONG.

La culture du radis est absolument semblable à celle de la rave; l'air lui est aussi nécessaire, et, s'il arrivait un mois de janvier où l'on ne pût ouvrir les châssis plus ou moins, la saison serait compromise.

Deuxième saison. — Pour faire une seconde saison de rave ou radis de primeur, il faut, à la fin de février ou dès le commencement de mars, faire une ou plusieurs couches comme précédemment; mais on n'y mettra ni coffre ni châssis; on la chargera de terreau, et, lorsqu'il sera un peu échauffé, on le bordera et on y en ajoutera ce qu'il faut pour qu'il soit partout épais de 14 à 16 centimètres; on le sèmera en rave ou radis, comme il est dit ci-dessus, et on recouvrira la graine de 12 millimètres de terreau, et, sitôt cette opération faite, on étendra des paillassons sur toute la couche, pour faciliter et hâter la germination par la concentration de la chaleur et de l'humidité. Aussitôt que la germination est effectuée, on lève les paillassons, et, comme on n'est pas à l'abri des gelées en cette saison, il faut, le jour même où l'on a levé les paillassons, établir sur la longueur de la couche deux rangs de gaulettes élevées sur de petits piquets à 8 ou 10 centimètres au-dessus, pour soutenir les paillassons à cette distance du plant quand il sera nécessaire de le couvrir. Semés de cette façon en mars, les raves et les radis seront venus en trente ou quarante jours.

RAVE ET RADIS EN PLEINE TERRE.

CULTURE. — Dès les premiers jours de mars, on sème des raves ou des radis en côtière bien abritée. On les sème rarement seuls en côtière ; l'usage le plus général est de les semer en même temps qu'on y plante de la laitue, de la romaine, des choux-fleurs, parce que les côtières sont trop précieuses au mois de mars pour n'y faire qu'une saison ; mais, à la fin du mois, on commence à en semer en plein carré, là où le soleil donne. Après avoir labouré et dressé, hersé et plombé autant de planches qu'on en a besoin, on les sème et on herse une seconde fois pour enterrer la graine ; après quoi, on répand sur le tout 15 millimètres de terreau. Dans les mois de mars et avril, on n'a pas ordinairement besoin d'arroser ; mais, s'il survenait des hâles sans gelée, il faudrait arroser en raison de la sécheresse, et pour éloigner les pucerons (altises) qui dévorent les semis des crucifères, particulièrement ceux de rave et de chou dans les printemps secs.

On sème des raves et des radis depuis mars jusqu'en septembre, et comme ils ne sont bons qu'étant jeunes et tendres, qu'ensuite ils montent très-vite en été, il faut en semer tous les huit jours, tenir les sentiers plus hauts que les planches et les arroser abondamment tous les jours, le soir d'abord, ensuite vers les onze heures du matin pendant les grandes chaleurs.

Dans l'été, les raves et les radis sont bons à être mangés vingt-cinq jours après leur semis.

RADIS NOIR.

Celui-ci devient très-gros, ovale ou allongé, avec une peau noire, une chair blanche, très-ferme, peu juteuse et d'une saveur plus piquante que les autres; son feuillage est aussi plus grand, et il ne monte pas ordinairement en graine l'année qu'il a été semé ; de sorte qu'il faut en conserver quelques racines à l'abri de l'hiver, comme les carottes, et les planter au printemps pour en obtenir de la graine.

Culture.—Le radis noir demande une terre plus forte que les autres radis : on le sème seulement une fois par an, dans le courant de mai jusqu'en juin, dans une planche préparée comme pour les autres radis; mais, comme il devient beaucoup plus fort, il faut le semer plus clair ou l'éclaircir quand il est levé de manière que les pieds soient à environ 10 centimètres l'un de l'autre. Il faut les mouiller fort et souvent, s'ils sont en terre légère et sèche; il leur faut trois mois pour parvenir à peu près à leur grosseur naturelle, de sorte qu'on ne mange guère de radis qu'en automne et dans l'hiver; car ils se conservent dans un cellier ou une cave aussi bien et mieux que des carottes. Au reste, tout le monde ne mange pas de radis noir, il n'y a que les bons estomacs qui en fassent usage; les faibles les craignent; aussi sa culture n'est pas fort étendue.

Nous ne parlons pas de beaucoup d'autres raves et radis de différentes grosseurs et couleurs, qui se cultivent, comme notre radis rose, dans les potagers, parce qu'ils ne sont pas recherchés à la halle et que les maraîchers ne doivent cultiver que ce qui est d'un débit certain.

OBSERVATIONS.—Quoique généralement nous ne semions nos premiers melons que dans les premiers jours de février, on peut cependant en semer vers le 20 ou 25 de décembre, ainsi que le fait depuis quelques années notre confrère M. Gontier, très-habile cultivateur en plusieurs genres de culture au Petit-Montrouge, à Paris. C'est le petit prescott fond blanc qu'il préfère pour cette saison, et il en obtient des fruits mûrs vers le 15 avril.

Il sème aussi, à la même époque, des haricots nains de Hollande, variété de notre haricot flageolet, mais plus précoce; semés en cette saison, on en obtient des haricots verts six semaines après.

Ce très-intelligent cultivateur fait usage du thermosiphon dans la plupart de ses cultures forcées sous châssis. Nous attendons que l'expérience ait confirmé les avantages ou les inconvénients de ce nouveau système de chauffage pour l'adopter ou le repousser; d'ailleurs le prix toujours croissant du fumier de cheval nous forcera peut-être bientôt à prendre une détermination à cet égard.

JANVIER.

C'est à présent l'époque de planter sur couche une très-grande partie du plant de laitue et de romaine, que nous avons conservé avec tant de soin sous cloche sur des ados : il y en aura encore à planter jusqu'au mois de mars; mais janvier est l'époque où nous commençons nos cultures forcées sous cloche. Dans ce but, nous faisons, dans le courant du mois, un certain nombre de couches d'hiver, c'est-à-dire de la même épaisseur que celles à châssis, mais sur lesquelles nous ne plaçons que trois rangs de cloches (*voir* la composition de ces couches, chapitre VIII) : à mesure qu'on les fait (1), on les charge de terreau qu'on laisse s'échauffer avant de le border, qu'on égalise après en y en ajoutant un peu s'il le faut, afin qu'il y en ait partout 12 ou 13 centimètres d'épaisseur. On place sur ce terreau trois rangs de cloches se touchant presque et en échiquier, afin de perdre moins de place. Si le temps est à la gelée, on peut

---

(1) Il y a des jardiniers qui laissent 33 centimètres de distance entre chaque couche, ou un sentier de 1 pied de large, et qui ensuite le remplissent avec du fumier neuf ou mélangé, ce qui forme ce qu'on appelle *réchaud ;* mais les maraîchers, en montant leurs couches, les appuient l'une contre l'autre, trouvant qu'elles se réchauffent aussi bien de cette manière que par un réchaud.

étendre des paillassons sur les cloches, afin d'amener le terreau à la température convenable (3o degrés) le plus tôt possible; quand le terreau est arrivé à ce degré, après le coup de feu s'il a lieu, on procède à la plantation : on pourrait planter d'abord une romaine au milieu de la cloche et planter ensuite quatre laitues petites noires autour de la romaine à distance convenable ; mais notre usage, ainsi que celui de tous les maraîchers primeuristes, est de planter d'abord les quatre laitues aux distances convenables du centre et du bord de la cloche, et de planter ensuite une romaine au centre, avec la précaution que les laitues soient à 8 centimètres du verre de la cloche, afin que, en grossissant, ses feuilles ne touchent pas le verre, car elles pourraient être flétries par la gelée ou brûlées par le soleil. Nous avons encore la précaution de choisir le plus beau plant de romaine avec une belle motte pour planter entre les quatre laitues.

On sent bien qu'au mois de janvier il faut que cette plantation se fasse vivement, que, quand une cloche est enlevée, il faut planter la clochée et remettre la cloche dessus tout de suite, mais qu'il faut encore, dans cette saison, veiller non-seulement à ce que la gelée n'atteigne pas la plantation, mais aussi à ce que la couche ne se refroidisse pas trop vite. On pare à ces deux inconvénients en faisant un bon accot autour des couches, en emplissant les sentiers de fumier neuf et sec, en couvrant soigneusement les cloches avec des paillassons la nuit et même pendant les jours où il gèle ou neige, en ne laissant pas fondre la neige sur les paillassons ni dans les sentiers, et en ne négligeant pas de faire profiter le plant du soleil à travers le verre toutes les fois qu'il luit.

Quand le temps permet de lever les cloches pour visiter les plants, on en profite pour ôter les feuilles mortes ou défectueuses et tout ce qui pourrait occasionner la pourriture.

La laitue noire ainsi traitée est bonne à vendre vers la fin de février ; quant à la romaine, elle est bonne à lier quatre jours après que la laitue est enlevée, et huit jours après, c'est-à-dire dans la première huitaine de mars, elle est bonne à livrer à la consommation.

On fait ainsi des couches successivement depuis janvier jusqu'en mars, et on les plante en laitue noire et en romaine de la manière que nous venons de dire ; mais en mars on peut faire les couches moins épaisses, et, huit jours après qu'une couche est plantée, on plante encore un pied de romaine dans chaque vide qui reste en dehors des cloches : cette dernière romaine ne vient pas aussi vite, bien entendu, que celle qui est sous cloche ; mais, quand celle-ci est enlevée, on remet la cloche sur celle qui était restée à l'air, et cela la fait avancer et coiffer rapidement, et elle peut être livrée au commerce au commencement d'avril, si elle a été clochée fin de février.

ur.

CAROTTE.

Plante de la famille des ombellifères et du genre
dont elle porte le nom; sa racine est grosse, simple, pivotante, fusiforme; ses feuilles sont multi-
fides, trois fois ailées et menues; la tige s'élève à
près de 1 mètre, se ramifie un peu, et chaque
extrémité se couronne d'une ombelle de petites
fleurs blanches auxquelles succèdent des fruits ou
graines hérissées : il n'y a que la racine de cette
plante qui soit en usage dans l'art culinaire. On
compte une douzaine de variétés de carottes, dans
les potagers et la grande culture, qui ont chacune
leur mérite; mais, en culture maraîchère, nous n'en
cultivons que deux.

CAROTTE HATIVE.

CULTURE FORCÉE. — Elle se sème dans les premiers jours de ce mois sur couches d'hiver (*voir*
ce mot au chapitre VIII), sur lesquelles on place
des coffres; dans ces coffres on met un lit de
terreau épais de 11 à 14 centimètres (4 à 5 pouces),
et on place les panneaux de châssis quand la température du terreau est arrivée au point convenable, on y répand la graine de carotte un peu plus
épais qu'un semis en pleine terre (1), parce que la

_____

(1) Il y a des maraîchers qui, quand la carotte est semée,

carotte ne doit pas rester si longtemps en place ,
et on couvre la graine de 2 centimètres de terreau que l'on plombe avec le bordoir, car la graine
de carotte, étant hérissée de poils crochus, a
plus besoin d'être plombée que toute autre pour
ne pas laisser de vide entre elle et la terre. Quand
la graine est levée, on lui donne de l'air autant
que la saison le permet, et, toutes les fois qu'il
y a un jour ou quelques heures de temps doux, on
retire entièrement les panneaux de châssis et on
les replace promptement quand le temps change.
Il va sans dire qu'on préserve ces jeunes carottes
de la gelée par tous les moyens déjà indiqués. Si
on ne néglige rien dans cette culture, on peut arracher de cette carotte, bonne pour la vente, dans le
courant de mars et continuer en avril ; elles sont
très-estimées et très-recherchées à cette époque ,
d'abord parce qu'elles ne sont pas grosses, ensuite parce qu'on les trouve meilleures que les
carottes de l'année précédente conservées l'hiver,
à cause de leur nouveauté, leur tendreté et leur
couleur rouge.

---

y mêlent trente laitues noires par panneau de châssis, et dans
ce but ils ont semé la carotte un peu clair ; mais la laitue noire
ne voulant pas d'air pour pommer, et la carotte en voulant
beaucoup pour bien venir sous châssis, ces deux plantes ne
peuvent guère être cultivées ensemble comme primeur ,
puisque l'air est favorable à l'une et nuisible à l'autre. Cependant la nécessité de multiplier les saisons de primeur les
font cultiver ensemble sous châssis.

CAROTTE HATIVE EN SECONDE SAISON.

CULTURE. — On sème encore cette carotte en
février et mars sur couches de printemps (*voir* ce
mot au chapitre VIII), sans châssis et sans cloche ;
mais il faut établir deux rangs de gaulettes sur ces
couches pour soutenir les paillassons dont on les
couvre la nuit, et pour préserver les carottes de
la gelée : ces carottes succèdent aux précédentes
jusqu'à ce que celles des côtières viennent les
remplacer.

CAROTTE DEMI-LONGUE.

Celle-ci ne se cultive qu'en pleine terre par les
maraîchers de Paris, et nous la semons depuis la
fin de janvier, quand le temps le permet, jusqu'au
mois d'août. Nous faisons notre premier semis de
carotte demi-longue en janvier ou février, dans
une côtière, où nous plantons notre première romaine en pleine terre. On se rappelle que nous
avons déjà dit que, quand on sème et plante une
planche en même temps, on commence par le semis. Ainsi, quand la côtière est labourée et hersée,
on sème la carotte, on la herse une seconde fois
et on la plombe avec les pieds ; on répand ensuite
sur toute la côtière un lit de terreau épais de 2 centimètres que l'on plombe encore, car la graine
de carotte, surtout, a besoin d'être bien plombée ;

après quoi, on plante la romaine verte, et même les choux-fleurs, si le mois de mars approche : la carotte semée ainsi en côtière commence à donner vers la fin de mai.

Une fois mars arrivé, on sème la carotte en plein carré, en y mêlant quelques graines de radis, de laitue ou de romaine, ou on y plante de suite de la laitue ou de la romaine. Tous ces légumes sont enlevés avant que la carotte soit venue, et lui laissent de la place pour se fortifier.

On sème ainsi la carotte demi-longue tous les mois jusqu'en août. Le produit du dernier semis se vend dans l'automne, et est plus tendre et plus recherché, à cette époque, que les grosses carottes semées au printemps. Nous ne devons pas oublier de dire que la carotte aime beaucoup l'eau, et que tous les semis d'été doivent être soutenus à la mouillure.

OBSERVATION. — Nous avons déjà dit, page 178, qu'on pouvait semer le melon en décembre; on peut en semer aussi en janvier avec plus d'espérance de succès, surtout en faisant usage du thermosiphon dans les châssis. Mais cet appareil n'est pas encore introduit dans la culture maraîchère, quoique M. Gontier s'en serve dans ses cultures forcées depuis quelques années. Quand il sera bien reconnu que les avantages du thermosiphon l'emportent sur la dépense de son établissement et de son entretien, alors les maraîchers primeuristes l'introduiront immanquablement dans leur culture avec d'autant plus d'empressement que le prix toujours croissant du fumier de cheval commence à diminuer singulièrement leur bénéfice : jusqu'à présent nous n'avons pas encore semé nos premiers melons avant le mois de février

FÉVRIER.

MELON.

Sous le climat de Paris, la culture des melons a toujours quelque chose de plus ou moins forcé, parce que la chaleur arrive trop tard au printemps et que le froid revient trop tôt à l'automne pour que cette plante puisse produire son fruit avec la perfection convenable à son espèce. Nous sommes donc obligés de donner au melon, pendant sa première croissance et souvent pendant ses cinq ou six mois d'existence, la chaleur et l'abri que notre climat lui refuse.

Le melon est une plante annuelle à fleur monoïque (1), de la famille des cucurbitacées et du genre concombre; elle a des racines menues qui tracent

---

(1) C'est-à-dire que la plante porte deux sortes de fleurs, les unes mâles et les autres femelles : les fleurs mâles se montrent les premières et sont constamment les plus nombreuses, on les reconnaît en ce qu'elles manquent d'ovaire ; les fleurs femelles sont solitaires, plus grandes et se reconnaissent en ce qu'elles ont au-dessous d'elles un gros ovaire figuré en olive. En jardinage, la fleur mâle des melons et concombres s'appelle *fausse fleur*, et la fleur femelle s'appelle *maille*.

jusqu'à 2 mètres autour du pied à quelques centimètres au-dessous de la surface de la terre ; sa
tige, rameuse, munie de vrille, de feuilles alter-
nes et de fleurs axillaires, rampe sur terre et se
ramifie ; son fruit, ovale ou arrondi, lisse, brodé,
cannelé et plus ou moins gros selon les variétés,
est la seule partie qui se mange.

La culture des melons étant l'une des principales branches de la culture maraîchère à Paris,
nous allons entrer dans tous les détails de notre
pratique, telle que nous la faisons généralement
aujourd'hui, car elle n'a pas toujours été la même,
et elle pourra subir des modifications par la suite :
ainsi, quand nous ne cultivions que le melon
brodé ou maraîcher, la culture de cette variété
était assez simple ; à présent que les cantaloups
sont, à juste titre, préférés au melon maraîcher, la
culture s'est enrichie de nouveaux procédés pour
obtenir des cantaloups dans toute leur perfection.
Une nouvelle espèce pourra un jour exiger que
l'on trouve de nouveaux procédés pour la cultiver avec succès et profit ; car, sans profit, il n'y
a pas de culture maraîchère possible.

Il est inutile de prouver que la culture maraîchère ne peut se soutenir sans profit ; mais il
n'est pas indifférent, sinon de prouver, du moins
de faire voir que nous ne pouvons et ne devons
pas cultiver certains melons très-estimés par leur
précocité, mais d'une petitesse telle que, seraient-ils
d'une qualité supérieure, nous ne pourrions ja-

mais les vendre ce que leur culture nous coûte-
rait ; nous voulons parler du melon ou cantaloup
orange et de quelques-unes de ses variétés. Certainement ces melons sont plus précoces que
ceux que nous cultivons : on les sème dès les premiers jours de décembre, et on en obtient des
fruits mûrs dès les premiers jours d'avril ; mais
ces fruits sont gros comme des pommes ou comme
le poing, et certes leur vente à la halle ne payerait
pas à beaucoup près leurs frais de culture, en supposant, toutefois, qu'on pût les vendre. Abstrac-
tion du prix, le public de Paris ne s'accoutume
pas aisément aux nouvelles productions horticoles qu'il ne connaît pas : combien de temps
n'a-t-il pas fallu pour l'accoutumer à préférer le
cantaloup au melon maraîcher ? En résumé, la
culture maraîchère ne peut et ne doit exploiter
que les légumes qui ont un cours établi à la halle
de Paris, et elle doit attendre que les autres productions horticoles ou agricoles dont les qualités
sont préconisées par ceux qui les connaissent,
par quelques amateurs de nouveautés, soient recherchées ou cotées à la halle de Paris pour en
entreprendre la culture.

Le melon est la plante maraîchère qui a le plus
de variétés ; les unes sont estimées dans un pays
et les autres dans un autre. A Paris, ce sont quelques variétés de cantaloup qui sont aujourd'hui
les plus recherchées, et, bien entendu, ce sont
celles-là que les maraîchers cultivent de préfé-

rence. La manière et le temps de semer le melon et de l'élever sont assez uniformes chez la plupart des jardiniers ; mais la nécessité et la manière de le tailler sont jugées très-diversement par beaucoup de jardiniers et de théoriciens. Les maraîchers de Paris sont ceux qui font le moins de raisonnements sur la taille du melon ; mais le constant succès de leur pratique est là pour assurer qu'ils sont dans la bonne voie.

Nous divisons la culture du melon en trois saisons, savoir :

1° De primeur,

2° En tranchée,

3° Sur couche.

SEMIS DE PRIMEUR.

Dans les premiers jours de février (1), on fait une *couche mère* (*voir* ce mot au chapitre VIII), *p. 52.* que l'on charge d'un coffre à un panneau dans lequel on met un lit de terreau épais de 10 centimètres, et on la couvre d'un châssis. Quand le terreau est retombé à la température de 30 degrés centigrades à la profondeur de 8 centimètres, on

---

(1) C'est généralement l'époque où nous faisons notre premier semis de melon ; mais on pourrait le faire dès le mois de décembre (*voir* nos observations, page 178).

sème la graine de melon en rayon ou à la volée, et on la recouvre de 15 millimètres de terreau ; on replace le châssis, sur lequel on met un paillasson qu'on laisse jusqu'à ce que la graine soit levée , ce qui a lieu en quatre ou cinq jours ; dès qu'elle est sortie de terre, on ôte le paillasson dans le jour pour que le jeune plant jouisse de la lumière et ne s'étiole pas, et on le remet, chaque soir, à bonne heure ; de plus , si la gelée est à craindre , on s'y oppose par les moyens connus. Quand l'enveloppe qu'ont soulevée les cotylédons est tombée, il est temps de faire une autre couche appelée *couche pépinière*, de même épaisseur que la précédente , mais assez longue pour recevoir un coffre à deux ou trois panneaux, car il faut bien sept ou huit jours pour que le terreau de cette nouvelle couche soit descendu à la température indiquée ci-dessus , et pendant ce temps le plant a suffisamment grandi pour être en état d'être repiqué en pépinière.

Ce repiquage se fait de deux manières, et, comme chacune a ses partisans, nous allons les exposer toutes deux , en les faisant suivre de notre propre opinion.

PREMIÈRE MANIÈRE.—Quand le terreau de la couche pépinière est parvenu à la température convenable, on va à la couche mère, on soulève le plant en passant la main ou une houlette au-dessous des racines et faisant une petite pesée; ensuite on tire le plant de melon de terre en ménageant bien ses ra-

cines, et on va le repiquer à la main (ce qui est pré-
férable au plantoir) dans le terreau de la nouvelle
couche, en enfonçant la tige jusqu'auprès des cotylédons et plaçant les plants à 12 centimètres
les uns des autres. Dès que la largeur d'un panneau est repiquée, on rabat de suite le châssis,
qu'on couvre d'un paillasson et qu'on laisse ainsi
pendant trois ou quatre jours pour faciliter la reprise du plant; après ce temps, on lui rend la lumière du jour et on continue de le gouverner en
raison de la saison.

DEUXIÈME MANIÈRE. — Quand la couche pépinière est faite, le coffre placé et le terreau
étendu, on n'attend pas que le coup de feu
soit passé; on y enfonce de suite des pots à
melon vides (il en tient de soixante-quinze à
quatre-vingts par panneau), on les emplit d'une
bonne terre douce mélangée de terreau par moitié,
on tasse un peu avec la main, et de suite on ferme
les châssis, on couvre de paillassons, s'il est nécessaire, pour hâter la fermentation. Quand la
terre de ces pots est parvenue à la température
requise, on repique dans chacun d'eux un seul
plant de melon à la main ou au plantoir avec tout
le soin convenable, on ferme les châssis, sur lesquels on met des paillassons comme dans l'autre
manière et pour la même raison. A présent, nous
allons dire notre pensée sur ces deux méthodes.

Si le melon, ainsi repiqué en pot, pouvait être

planté à demeure le premier jour qu'il est en état de
l'être, ces deux manières de le repiquer pourraient
être à peu près indifférentes ; mais il arrive très-rarement qu'on puisse planter un melon aussitôt qu'il
est bon à être planté ; on ne le plante le plus souvent que six, huit ou dix jours après, et quelquefois plus tard encore : or celui repiqué en plein
terreau ne souffre pas de ce retard, ses racines s'al-
longent à leur aise, et, quand on veut le planter à
demeure, on l'enlève à deux mains avec une bonne
motte et on va le placer dans le trou qui lui est
préparé, sans que ses racines soient contournées.

Si, de l'autre côté, un pied de melon repiqué dans
un petit pot y reste huit ou dix jours plus qu'il ne
faudrait, ses racines sont obligées de se contour-
ner ; ce qui, selon nous, retarde son établissement
comme il faut dans le trou où on le plante à demeure. Cette dernière plantation a l'avantage, il
est vrai, de pouvoir se faire plus promptement,
même par un temps peu favorable, et cependant
nous préférons le repiquage en plein terreau.

PLANTATION DES MELONS DE PRIMEUR.

C'est le petit prescott gris que nous cultivons
comme primeur ou de première saison; mais, quels
que soient la saison et le melon, nous lui coupons
toujours la tête quatre ou cinq jours avant de le

planter, tandis qu'il est encore sur la couche pépinière, parce que, dans cet état, la plaie causée par
la suppression de la tête se cicatrise plus vite et
bien plus sûrement que quand on remet cette
opération à faire après la plantation. Pour effectuer notre première plantation, voici comme nous
procédons : en février nous avons ordinairement
des couches d'hiver qui ont déjà rapporté de la
laitue petite noire ou des radis, et qui se trouvent
vides. Alors nous emportons ailleurs le terreau
qui les recouvre, et, comme le fumier avec lequel
elles sont composées n'est pas encore consommé,
nous le brisons, nous y apportons du fumier
neuf avec lequel nous le mélangeons bien et re-
faisons d'autres couches d'hiver à la place des
anciennes.

Ces couches se font successivement l'une à côté
de l'autre ; quand la première est montée, on y place
des coffres, et nous étalons dans ces coffres 13 à
14 centimètres (5 pouces) épais de bonne terre
bien meuble et plaçons de suite les châssis ; quand
la chaleur est tombée au point convenable (environ 30 degrés centigrades à 10 centimètres de
profondeur dans la terre), on y plante les melons
que nous avons laissés repiqués sur la couche pépinière en plein terreau ou dans des pots : on
fait d'abord un rang de moyens trous au milieu
de la couche, à raison de deux par panneau,
ou bien on ne fait les trous qu'à mesure que

13

l'on plante. Il faut pourtant que les trous soient faits d'avance pour recevoir les pieds de melon repiqués en plein terreau : nous allons commencer par ceux-ci.

On va à la couche pépinière, on enfonce les deux mains dans le terreau, l'une à droite et l'autre à gauche d'un plant, on le soulève avec une bonne motte de terreau et on vient le placer de suite avec la motte dans le trou qui lui est préparé sur la nouvelle couche ; on étale ses racines convenablement, on les recouvre et on presse légèrement la terre ; ensuite on va chercher un autre plant que l'on plante de même et ainsi de suite. Quand la plantation est finie, ou mieux en la faisant, on répand environ trois quarts de litre d'eau sur chaque pied de melon planté, pour aider à la reprise, et on replace de suite les châssis, pour éviter le vent ou le froid.

Pareille plantation de melons repiqués en pots est moins longue et moins difficile, parce qu'on peut aller à la couche pépinière et prendre d'un coup une brouettée de pots et l'amener où les melons doivent être plantés : là le maître maraîcher prend un pot de la main droite, le renverse dans la main gauche en ouvrant un peu les doigts pour laisser passer la tige du melon, et, en frappant un petit coup sur le fond du pot, le melon et sa motte en sortent aisément ; tenant ensuite cette motte de la main gauche, si le trou n'est pas fait, il le fait de la main droite, y place la motte du melon, la borne convenablement, l'arrose et replace les châssis comme précédemment.

Nous devons faire remarquer ici que, quoique, en repiquant les melons sur la couche pépinière, on les ait enfoncés jusqu'aux cotylédons, la tige a encore grandi souvent de 4 à 7 centimètres, et qu'en les plantant à demeure il faut enterrer cette partie jusque près de la première feuille, parce qu'il doit s'y développer de nouvelles racines qui augmenteront la vigueur de la plante.

Nous ferons encore observer que quelques jardiniers ont soulevé la question de savoir s'il convenait de laisser ou supprimer les cotylédons (coquilletons, en terme de maraîcher) aux melons avant ou après la plantation : ces parties devant naturellement se dessécher sur la plante, les uns ne sont pas dans l'usage de les ôter ; mais ces organes sont quelquefois attaqués de pourriture ; alors ils les suppriment jusqu'au vif et en cautérisent la plaie avec des cendres, du plâtre ou de la chaux en poudre, afin que la pourriture ne gagne pas sa tige : quant à la taille, nous en traiterons à la fin des diverses plantations de melons (*voir* notre opinion sur le retranchement des cotylédons, page 207).

Il ne suffit pas d'avoir planté les melons comme nous venons de le dire ; six ou huit jours après la plantation, il faut établir un bon accot autour des couches, emplir les sentiers de fumier sec bien pressé jusqu'au sommet des coffres, donner un peu d'air aux melons, dans le jour, toutes les fois que le temps le permet, couvrir les châssis toutes les nuits, doubler, tripler même les paillassons si la gelée devient menaçante, découvrir quand le soleil luit afin que les melons se réchauffent à sa lumière au travers du verre, se mettre en garde contre l'humidité, qui n'est guère moins nuisible aux melons que la gelée; pour la prévenir, nous n'avons d'autre moyen que de donner de l'air chaque fois que le temps le permet, et de veiller à ce que les melons soient toujours propres, en ôtant soigneusement les feuilles qui pourraient s'altérer et occasionner de la pourriture.

Le melon petit prescott, semé et planté en février, peut, si l'année n'est pas trop défavorable, donner des fruits mûrs du 10 au 15 mai.

MELONS DE SECONDE SAISON.

Les maraîchers de Paris choisissent de préférence le cantaloup gros prescott fond noir et le cantaloup gros prescott fond blanc pour cultiver dans cette seconde saison en tranchée, c'est-à-dire qu'ils cultivent ces melons sur des couches faites en tranchées (*voir* ce mot, chapitre VIII), recouvertes de terre au lieu de terreau.

On sème ces melons du 20 au 25 février, sur une couche mère, et on les repique sur une cou-

che pépinière absolument comme le petit prescott
dont nous venons de parler : on les étête également
en pépinière cinq ou six jours avant de les planter.

Quand le temps approche de planter à demeure
ce plant de melon, on fait des tranchées dans le
carré qui lui est destiné, et qui doit toujours être
exposé au soleil. On dirige ces tranchées, tant que
l'on peut, de l'est à l'ouest, afin que le verre des
châssis reçoive directement le soleil du midi. Voici
comme nous faisons ces tranchées : on ouvre la
première sur le bord du carré, on lui donne 1 mètre de largeur et 33 centimètres de profondeur,
et on en porte la terre à l'endroit où doit se faire
la dernière tranchée. Quand cette première tranchée est faite, on monte dedans une couche avec
moitié de fumier neuf et moitié de fumier vieux
bien mélangés, et que l'on mouille, s'il est nécessaire,
pour y développer la chaleur convenable ; cette
couche doit avoir 66 centimètres d'épaisseur ou
s'élever de 33 centimètres au-dessus du sol ; dès
qu'elle est faite, on ouvre une seconde tranchée à
66 centimètres de la première et qui lui soit bien
parallèle, et la terre qu'on en tire, après l'avoir
bien divisée, se jette sur la couche de la première tranchée, et on fait une couche dans cette
seconde tranchée semblable à la première, que l'on
couvrira avec la terre d'une troisième tranchée,
et ainsi de suite jusqu'à ce que l'on soit arrivé
à la dernière tranchée, où l'on trouvera la terre de

la première tranchée pour charger la dernière couche.

Mais revenons aux deux premières couches montées, car il y a ici une observation importante à faire : ces deux couches s'élèvent à 33 centimètres au-dessus du sol, et il y a entre elles un sentier large de 66 centimètres, qui se trouvera réduit à 33 centimètres quand les coffres seront placés sur les couches ; les couches elles-mêmes, en s'affaissant, se trouveront au niveau du sol, et, comme les racines de melon courent au loin près de la superficie de la terre, on doit présumer qu'elles s'étendront jusque dans les sentiers en passant sous les planches des coffres : dans cette prévision, on doit labourer la terre des sentiers pour la rendre douce et perméable, et de suite emplir ces sentiers de fumier semblable à celui des couches, bien foulé aux pieds et jusqu'à la hauteur des couches mêmes. Il va sans dire qu'il faut faire un accot le long du côté extérieur de la première couche avant de poser les coffres, afin qu'ils trouvent un appui de ce côté, puisqu'ils sont de 33 centimètres plus larges que les couches, et doivent déborder de 16 centimètres (6 pouces) de chaque côté.

Quand une couche est chargée de terre, on y place les coffres en les alignant au cordeau, on brise la terre qui est dedans et on l'étend de manière qu'il y en ait partout l'épaisseur de 12 à 14 centimètres, et on place les châssis ; quand il y en a deux de faites et que les coffres et les châssis sont dessus, on remet encore du fumier dans le sentier qui est entre les deux couches, et qui alors n'a plus que 33 centimètres de largeur, jusqu'au bord supérieur des coffres, en le tassant bien avec les pieds comme la première fois. Le fumier placé ainsi dans les sentiers s'appelle *réchaud*, tandis que nous appelons *accot* celui placé autour des couches; à mesure qu'il s'affaisse, nous le rechargeons avec du fumier neuf ou mélangé, mais nous ne le remanions jamais; c'est-à-dire que nous ne réchauffons jamais nos couches comme on le fait dans plusieurs jardins potagers.

On peut planter, sur ces couches en tranchées, le cantaloup petit prescott dont nous avons parlé page 192; mais nous préférons pour cette seconde saison le cantaloup gros prescott fond blanc, et celui à fond noir ou gris, parce qu'ils sont constamment meilleurs que beaucoup d'autres et d'une défaite plus assurée : nous les élevons, comme il est dit ci-dessus, sur une couche mère et sur une couche pépinière, et, quand la chaleur de la terre des couches en tranchée est descendue au point convenable, nous les y plantons à deux plants par panneau, avec les soins et les précautions déjà indiqués, et ne négligeons rien pour les préserver du froid pendant la mauvaise saison. Quant à la taille, nous l'expliquerons ci-après; mais nous devons dire de suite

que ces melons, semés du 20 au 25 février, repiqués vers le 2 ou 4 de mars, plantés vers le
25 du même mois, donnent des fruits mûrs dans
la dernière quinzaine de juin.

MELONS DE TROISIÈME SAISON.

On sème les melons de cette troisième saison
depuis la fin de mars jusqu'aux premiers jours
de mai, et toujours de la même manière, c'est-
à-dire sur couche mère et repiqués sur couche
pépinière, où ils subissent l'opération de l'étêtement : on choisit pour cette saison le cantaloup
gros prescott fond blanc, le cantaloup gros galeux
vert et autres.

Et, au lieu de les planter sous châssis, on les
plante sous cloches sur *couches sourdes* (*voir* ce
mot, article VIII) : en culture maraîchère, les couches sourdes se font ainsi.

On les fait successivement dans un carré bien
exposé ; on creuse une tranchée large de 65 centimètres et profonde de 40 centimètres, et on
en porte la terre où l'on doit finir la dernière
couche ; on emplit cette tranchée de fumier
moitié neuf, moitié vieux, bien mélangé, bien
étalé et bien pressé avec les pieds, et de
façon que le milieu de la couche soit élevé de
33 centimètres au-dessus du sol, et que les côtés

descendent en dos de bahut presque à son niveau ;
quand cette première couche convexe est faite ,
on ouvre une seconde tranchée à 66 centimètres
de la première , on en divise bien la terre et on la
dépose sur la première couche en lui conservant
la forme bombée d'un dos de bahut donnée au fumier, et on finit, avec la fourche et le râteau, de
lui donner une surface unie sous la forme bombée ; ensuite on place sur l'endroit le plus haut ou
sur son milieu une ligne de cloches à 66 centimètres l'une de l'autre , et on laisse la couche s'é-
chauffer ; la seconde tranchée se traite de même,
et ainsi de suite jusqu'à la dernière.

Quand on ne craint plus le coup de feu , on
plante un pied de melon sous chaque cloche , on
l'arrose de suite et on couvre la cloche de litière
ou d'un paillasson le jour, pour le garantir du
soleil jusqu'à ce qu'il soit repris, ce qui doit arriver après trois ou quatre jours.

Lorsque les branches des melons demandent à
sortir des cloches, il faut étendre un bon paillis
sur toute l'étendue des couches pour que la terre
ne se dessèche pas et que les racines des melons,
qui vont bientôt s'étendre près de sa superficie, la
trouvent douce et fraîche ; en même temps ou peu
de jours après, on labourera les sentiers et on les
couvrira aussi d'un bon paillis , parce que les racines des melons, après avoir traversé la terre de
leur couche, s'étendent jusque dans les sentiers,
et même jusque dans la couche voisine. Les me-

lons plantés ainsi dans le commencement de mai mûrissent leur fruit dans le courant du mois d'août.

MELONS DE QUATRIÈME SAISON.

C'est le cantaloup gros noir galeux que nous faisons dans cette quatrième et dernière saison ; nous y joignons aussi quelques melons brodés ou maraîchers, quoique cette ancienne espèce soit très-inférieure aux cantaloups, quant au prix et à la qualité ; sa culture étant aussi différente de celle des cantaloups, nous la traiterons à part.

Les melons de cette saison se sèment et se repiquent absolument comme les précédents, mais plus tard, parce que leur plant ne peut être planté à demeure qu'à la fin d'avril et dans le courant de mai, la place qui leur est destinée étant occupée jusqu'à ces époques ; en effet, ils doivent succéder aux laitues, aux romaines, aux choux-fleurs, aux radis et aux carottes plantés ou semés sur couches, et ces couches ne se vident successivement que du commencement d'avril jusqu'en mai.

Au fur et à mesure que ces couches se vident, on retire le terreau qui est dessus : à cette époque, leur fumier n'est pas consommé ; alors on brise la couche, on divise et on secoue le fumier, on y en mêle du neuf au tiers ou par moitié, et on reconstruit les couches à la même place, l'une contre l'autre, en leur donnant toujours 1 mètre 60 centimètres (5 pieds) de largeur, mais seulement 40 centimètres (15 pouces) de hauteur, ainsi que nous le pratiquons pour nos couches de printemps qui, vu la saison, n'ont pas besoin d'être aussi épaisses que celles d'hiver. Quand une couche est montée, comme il est dit chapitre VIII, on la couvre de terreau, et, après que ce terreau est bordé, il faut qu'il y ait 1 mètre 32 centimètres de largeur et 12 ou 13 d'épaisseur sur toute la couche; le terreau laissant 16 centimètres vides sur chaque côté de la couche, il en résulte que deux couches accolées l'une contre l'autre laissent entre elles un espace large de 32 centimètres où il n'y a pas de terreau, et cet espace forme un sentier nécessaire et commun à deux couches.

Quant au coup de feu, il n'est guère à craindre dans des couches montées comme celles-ci avec au moins moitié de fumier qui a déjà servi, et qui n'ont que 40 centimètres d'épaisseur; cependant il est toujours prudent de s'assurer du degré de chaleur qu'elles peuvent avoir dans le terreau quatre à cinq jours après qu'elles sont chargées, et de ne les planter que quand on ne craint plus que la chaleur du terreau s'élève au-dessus de 30 degrés centigrades, à 8 ou 9 centimètres de profondeur dans le terreau.

Mais, dès que le terreau est bordé, rempli et nivelé, on trace une ligne au milieu; on y place un rang de cloches distantes l'une de l'autre de

66 centimètres de centre à centre, et, quand la chaleur sous les cloches est au point convenable, on plante un pied de melon sous chacune d'elles, on l'arrose de suite et on ombre avec de la litière flexible que l'on pose sur chaque cloche.

Quelques maraîchers emplissent les sentiers de fumier neuf bien pilé aussitôt qu'ils ont bordé le terreau de leurs couches, dans la crainte de le faire ébouler en marchant dans les sentiers ; mais la plupart attendent que les melons soient plantés pour faire cette opération, dans la crainte d'augmenter la chaleur de la couche, dans ce premier moment où elle est suffisamment chaude : à mesure que les sentiers se creusent, on les remplit de nouveaux fumiers pour les maintenir aussi hauts que le terreau des couches, et toujours on couvre les couches avec des paillassons toutes les fois qu'on apporte du fumier dans les sentiers, afin qu'il n'en tombe pas sur les plantes, et on entoure le carré de couches d'un accot.

MELON BRODÉ OU MARAÎCHER.

Depuis l'introduction des cantaloups dans la culture maraîchère, le melon brodé est beaucoup moins estimé et sa culture est grandement diminuée, parce qu'il leur est inférieur en qualité, et que même il n'a pas toujours celle inhérente à

son espèce. On n'oserait plus aujourd'hui présen-
ter un melon brodé sur une table tant soit peu
distinguée, et beaucoup de maraîchers en ont
abandonné la culture; si quelques-uns d'entre
eux en font encore, c'est parce que sa culture est
plus simple, qu'on lui fait rapporter plus de
fruits, et que ces fruits sont plus accessibles à la
petite fortune que les cantaloups.

En culture maraîchère, le melon brodé se sème
au commencement de mai, se repique vers le
10 ou 12, et se plante en place vers la fin du mois,
c'est-à-dire le dernier des melons, sur des couches
faites comme celles des cantaloups de quatrième
saison ; mais, au lieu de n'en mettre qu'un rang
au milieu de la couche, on en plante deux rangs
à 33 centimètres des bords et à 66 centimètres de
distance dans les rangs (1).

Quoique nous venions d'assigner la fin de mai
pour la plantation du melon brodé, il y a pourtant quelques maraîchers qui le sèment dès les
premiers jours d'avril et le plantent vers la fin
du même mois ; alors ils obtiennent des fruits
mûrs dans la dernière quinzaine de juillet, tandis
que ceux qui le plantent fin de mai n'en obtiennent

---

(1) Autrefois on le plantait moins près ; on n'en mettait
qu'un rang par couche et on en obtenait de plus gros fruits,
parce que les racines trouvaient plus de place pour s'étendre.

qu'en août et jusqu'au 15 septembre, époque où
la police défend de manger des melons, parce
qu'elle croit qu'à cette saison les melons brodés
ou maraîchers peuvent donner la fièvre à ceux
qui en mangent.

DE LA TAILLE DES MELONS.

Nous n'avons jusqu'ici parlé des melons que
jusqu'à l'époque de leur plantation ; mais ils réclament encore d'autres soins jusqu'à celle où leurs
fruits mûrissent pour nous dédommager de nos
peines, et, parmi tous ces soins, celui de la taille
est le plus important et celui sur lequel il y a
des opinions très-diverses qui peuvent se résu-
mer en ces deux questions : Faut-il tailler peu ?
Faut-il tailler beaucoup ? La culture maraîchère
de Paris répond oui à la seconde question, parce
que, la culture du melon étant tout artificielle
sous notre climat, il faut continuer d'employer
des procédés contre nature, pour forcer cette
plante à nous donner des fruits et plus gros et
plus tôt qu'elle ne ferait naturellement.

Les trois ou quatre sortes de cantaloup que
nous cultivons, soit sous châssis, soit sous cloche, se taillant de la même manière, ce que
nous allons dire est applicable à toutes : nous
parlerons à part de la taille du melon brodé.

CANTALOUP.

Première taille.

Nous comptons pour première taille l'étêtement que nous avons fait subir à nos melons avant de les planter lorsqu'ils étaient encore en pépinière. Plusieurs jardiniers ne font cette opération que quand les melons sont plantés ; mais alors l'humidité est plus à craindre, et la pourriture peut se mettre sur la plaie, tandis qu'elle se cicatrise bien plus aisément et plus promptement quand les melons sont encore en pépinière. Cette première taille, tous les jardiniers la pratiquent à peu près de la même manière en coupant la jeune plante de melon à environ 12 millimètres (6 lignes) au-dessus de la deuxième feuille.

Quant au retranchement des cotylédons, oreillettes ou coquilletons, en terme de maraîcher, c'est différent, tous les jardiniers ne sont pas d'accord ; les uns les laissent ou ne les suppriment qu'au cas qu'ils y voient de la pourriture ; pour nous, nous supprimons toujours les deux cotylédons et les boutons qu'ils peuvent avoir dans leur aisselle en même temps que nous les étêtons sur la couche pépinière, et nous faisons cette double opération, autant que possible, par un jour de soleil, et donnons en même temps

un peu d'air, afin que les plaies se cicatrisent
plus promptement.

Depuis que les melons sont plantés et repris
jusqu'à ce qu'il soit nécessaire de les tailler une
seconde fois, il n'y a autre chose à faire qu'à les
préserver du froid par tous les moyens déjà indiqués, de les préserver des coups de soleil s'il a
déjà de la force, et de leur donner de l'air toutes
les fois que la température le permettra.

Deuxième taille.

La première taille a fait développer deux branches opposées qui s'étendent naturellement sur
la terre ; quand elles sont longues d'environ
33 centimètres, on les taille au-dessus de la quatrième feuille ; c'est le temps de *tapisser* les melons plantés sous châssis, parce qu'après la seconde
taille leurs branches vont s'allonger de tout côté,
et plus tard il ne serait pas aussi facile d'étendre
un paillis sous leurs branches pour les éloigner
de la terre et les tenir plus au sec. L'époque de
donner la seconde taille aux melons plantés sous
cloche coïncide avec celle où ces plantes ont
besoin d'étendre leurs deux bras au dehors de la
cloche ; quand ces deux bras seront aussi taillés à
quatre feuilles, on étendra un paillis sur toute la
couche, on soulèvera les cloches avec une, deux
ou trois crémaillères, afin que les branches du
melon puissent sortir et s'étendre sur les paillis ;

mais, si à cette époque il y a du froid à craindre, on ne négligera pas de dérouler des paillassons sur les cloches pendant la nuit.

Troisième taille.

Les deux bras coupés au-dessus de la quatrième feuille à la seconde taille ont dû se ramifier et produire chacun de trois à quatre branches, ce qui fait de six à huit branches en tout ; quand les plus grandes de ces huit branches se sont allongées d'environ 33 centimètres, on les taille toutes au-dessus de leur troisième feuille, et on les étend convenablement autour du pied, de manière à ce qu'elles ne se croisent pas et ne fassent pas confusion. Déjà on a pu voir quelques fausses fleurs, peut-être une maille ou deux ; mais ce n'est qu'après la troisième taille que les mailles se montrent en quantité suffisante pour faire un choix.

Nous devons avertir que l'humidité de la couche est suffisante pour tenir la terre ou le terreau qui la recouvre dans un état de fraîcheur convenable à la végétation du melon, et que ce n'est guère qu'après que les fruits ont pris une certaine grosseur que les arrosements deviennent nécessaires ; pourtant, si par quelques circonstances la terre se trouvait sèche avant cette époque, il faudrait avancer les arrosements : nous devons avertir aussi qu'il ne faut pas négliger de donner de l'air aux melons qui sont sous châssis tous les jours en levant les panneaux de 2, 4, 6 et 12 centimètres en raison de la température ; quant aux melons sous cloches, l'air ne leur manque pas, puisqu'à la troisième taille les cloches qui les couvrent ont dû être soulevées et soutenues à 6 ou 7 centimètres d'élévation au moyen de trois crémaillères.

Quatrième taille.

Les branches qui ont poussé après la troisième taille ont la plupart des mailles quand on exécute la quatrième taille : en général, on fait cette taille au-dessus de la seconde feuille, mais la présence des mailles oblige quelquefois d'apporter certaine modification à cette règle; ainsi, s'il y a une maille dans l'aisselle d'une seconde feuille, nous sommes obligés de tailler la branche au-dessus de la troisième feuille, parce qu'il faut toujours laisser un œil au-dessus du jeune fruit pour attirer la séve.

Cinquième taille.

Toutes les branches qui naissent après la quatrième taille sont coupées au-dessus de leur première feuille, et cette cinquième taille peut être répétée trois ou quatre fois, afin que les branches du melon sous châssis ne dépassent pas la largeur du coffre et que celles du melon sous cloche ne dépassent pas la largeur de la couche, et aussi pour entretenir la végétation dans le corps de toute la plante.

Maintenant revenons aux mailles : nous venons de dire que c'était après la troisième taille qu'elles se montraient en plus grand nombre ; maintenant il nous faut dire que, dans la culture maraîchère de Paris, nous ne laissons généralement qu'un seul fruit sur chaque pied de melon, parce que nous tenons à l'obtenir le mieux fait et le plus gras possible, et que, quand il en vient deux en même temps, ni l'un ni l'autre n'atteint le volume qu'un seul aurait obtenu; et c'est après la troisième taille, quand les mailles se présentent en grand nombre, que nous choisissons celle de ces mailles qui nous semble la mieux placée et la mieux conformée pour se convertir en beau fruit: quand cette maille ou une autre a atteint la grosseur d'un œuf de pigeon, nous disons, *telle maille noue ;* quand elle est grosse comme un œuf de poule, nous disons, *telle maille est nouée ;* alors nous supprimons les autres mailles, et c'est cette opération que nous appelons *émailler.*

Mais il faut un tact qui ne peut s'acquérir que par la pratique, pour reconnaître si une maille qui noue ou qui est nouée produira un beau fruit; la rapidité de la croissance de la maille, le ton frais de son vert sont de bon augure; quant à la forme, si le bout qui tient à la queue est plus gros que l'autre bout, ce signe n'annonce rien de mauvais; mais, si c'est le bout opposé à la queue qui est le plus gros, que la maille ait tant soit peu la forme d'une bouteille, alors elle est de mauvais augure, et nous reportons notre espoir sur une autre maille. Il nous arrive même de supprimer des melons déjà assez gros qui ne croissent pas avec la rapidité convenable ou qui ne nous paraissent pas bien conformés, et on les remplace par des mailles de belle apparence.

Quoique, généralement, nous ne conservions qu'un melon sur chaque pied, nous en laissons cependant croître quelquefois un second, s'il se présente, quand le premier a atteint les trois quarts au moins de sa grosseur.

Toutes les tailles des melons s'exécutent de huit à quinze jours l'une de l'autre, en raison de la température et du progrès de la végétation ; mais, pendant cette période, les melons réclament encore d'autres soins depuis la première taille jusqu'à la dernière; d'abord, quand ils sont sous châssis ou sous cloche, il faut leur donner de l'air toutes les fois que la température extérieure le permet, et le leur ôter pendant la nuit, tant que la gelée est à craindre, et ne pas les arroser avant qu'ils aient des fruits noués. Nous ne recommandons pas de les tenir propres de mauvaises herbes, cela va sans dire; mais nous recommandons d'être soigneux dès la troisième taille, d'ôter les vieilles feuilles grises ou jaunâtres qui ne remplissent plus de fonctions utiles, qui ne produisent plus que de la confusion et une ombre nuisible; de bien espacer les branches et faire de la place aux jeunes fruits. Quand les fruits sont noués, la terre sous les châssis doit avoir besoin d'être humectée; alors on lui donnera un demi ou un arrosoir entier d'eau pour chaque panneau en bassinant toute la terre du panneau et les feuilles des melons, parce qu'à cette époque les extrémités des racines sont déjà loin du pied, et que ce sont particulièrement ces extrémités qui ont besoin d'humidité. Quant à la fréquence des arrosements, elle est subordonnée à la température atmosphérique; s'il fait froid, on n'arrose que tous les dix ou douze jours ; mais, si le temps est beau, que le soleil se montre souvent et longtemps, on arrose tous les cinq ou six jours.

Quant aux melons plantés sous cloche, comme la terre de leur couche peut être mouillée par la pluie, même plus qu'il ne faudrait, c'est à l'expérience à enseigner quand ils demandent d'être arrosés.

Dans les années ordinaires, on dépanneaute les melons en tranchées, fin de mai ou dans les premiers jours de juin, et on laisse les cloches huit ou quinze jours plus longtemps sur les melons le plus tard plantés.

MELON BRODÉ OU MARAICHER.

CULTURE. — Le dernier nom de ce melon rappelle que les maraîchers ne cultivaient que lui, il y a un certain temps, quoique le cantaloup fût déjà connu dans d'autres cultures ; mais enfin, depuis une cinquantaine d'années, le cantaloup est généralement cultivé par les maraîchers de Paris, et la culture du melon maraîcher se resserre tous les jours et finira probablement par être abandonnée un jour. En attendant, voici comme on le cultive encore de nos jours :

On sème et on repique ce melon comme le cantaloup, mais seulement à la fin d'avril ou dans les premiers jours de mai ; on le plante sur couche du printemps à la suite du cantaloup gros galeux vert ; mais, au lieu de n'en mettre qu'un rang au milieu de la couche, on en met deux rangs, chaque rang à 33 centimètres du bord et à 66 centimètres de distance dans les rangs, et on les cloche à l'ordinaire : les autres soins, jusqu'à la taille, sont ceux que l'on donne aux cantaloups sous cloche.

Taille du melon maraîcher. — Nous taillons ce melon autant de fois que le cantaloup ; mais, au lieu de varier la longueur des tailles à quatre, trois, deux, et une feuille, nous les faisons toutes au-dessus de la deuxième feuille. Quand les fruits nouent, nous n'en conservons également qu'un ; si un pied nous paraît trop touffu, nous lui supprimons quelques branches, pour faire de la place aux autres : du reste, on lui donne les mêmes soins qu'aux cantaloups.

Maturité des melons. — On sent bien que les années plus ou moins favorables avancent ou retardent l'époque de la maturité des melons; le temps nécessaire à la maturité d'un melon se compte du moment où il est noué jusqu'à celui où il est frappé, et cette distance est ordinairement de quarante à cinquante jours. Quant à la durée d'un melon en état de maturité, elle dépend principalement de deux choses. d'abord de la température de l'endroit où on le dépose et de la quantité d'eau qu'il a dans son intérieur; la basse température tend à conserver, et la haute tend à décomposer; mais, sans prendre de soin extraordinaire, un melon cantaloup se conserve en bon état de maturité pendant cinq ou huit jours.

Si maintenant nous voulons récapituler nos diverses plantations de melon et les diverses époques de maturité, nous trouverons que la plantation de février donne des fruits en mai; que la plantation de mars en donne en juin et juillet; que les plantations d'avril et de mai en donnent en août et septembre.

CONCOMBRE.

Plante annuelle, rameuse, rampante, de la fa-

mille des cucurbitacées et du même genre que le
melon ; mais elle diffère de ce dernier en ce que
ses fruits n'ont pas la même forme, la même saveur, et qu'ils ne se mangent que cuits ou confits.
Les variétés de concombre sont beaucoup moins
nombreuses que celles du melon.

CONCOMBRE BLANC HATIF.

CULTURE FORCÉE. — Dès les premiers jours de
février, on fait une couche mère (*voir* ce mot), sur
laquelle on sème la graine de concombre. Quelques jours après, on fait une couche pépinière, et,
quand elle est à la température convenable, on y
repique le jeune plant, à raison de cinquante à
cinquante-cinq plants par panneau, en laissant
une distance de 16 à 18 centimètres entre le devant du coffre et le plant, afin que celui-ci ne se
trouve pas trop à l'ombre, et on lui donne les
mêmes soins qu'aux plants de melons, c'est-à-dire
qu'on l'ombre pendant la reprise, qu'ensuite on
le fait jouir du soleil; mais, comme le concombre
est moins délicat que le melon, on ne l'étête pas
ordinairement sur la couche pépinière, on attend
qu'il soit planté pour lui faire cette opération.
C'est sur une couche d'hiver et sous châssis que
l'on plante le concombre hâtif; on en met quatre
par panneaux à distance convenable du bois et
entre eux et avec une bonne motte, autant que

possible, et on ombre pendant les deux ou trois
jours de reprise, si le soleil vient à luire; quand le
plant commence à travailler, on l'étête au-dessus
de la deuxième feuille, ce qui le force à pousser
deux bras; alors on tapisse toute la terre de la
couche avec un paillis pour la tenir fraîche, et,
quand les bras se sont allongés de 33 centimètres,
on les taille au-dessus de la deuxième ou de la troisième feuille.

Quand les branches taillées ont repoussé des
rameaux longs d'environ 33 centimètres, on les
taille une seconde fois, après la deuxième ou la
troisième feuille : on taille même encore, et pour
la troisième et dernière fois, quinze jours après et
toujours de la même manière ; pendant ce temps
on se garantit de la gelée et du froid par le moyen
indiqué, et on donne de l'air aussi souvent que
le temps le permet : mais à chaque taille il faut
avoir soin de bien étendre les branches, faire en
sorte qu'elles ne croissent pas, et d'ôter les feuilles
jaunes qui pourraient s'y trouver.

Le concombre montre des mailles plutôt que le
melon et elles nouent plus aisément; mais on n'en
laisse qu'une nouer à la fois. Quand le premier
fruit est parvenu aux deux tiers de sa grosseur, on
laisse une autre maille nouer, mais jamais deux à
la fois en culture forcée à 4 pieds par panneau.

Quoiqu'on ne laisse nouer qu'un fruit à la fois,
un pied de concombre en a bientôt une douzaine,
et c'est tout ce que nous lui permettons de porter

en cette saison et sous panneau pour les avoir beaux et d'une bonne grosseur. Pendant qu'ils croissent, on continue d'ôter les feuilles jaunes, de les abriter du froid, de leur donner de l'air; et, si leur terreau se sèche, de l'arroser suffisamment, car un pied de concombre qui a dix à douze fruits à nourrir a besoin d'humidité à ses racines.

Un fruit de concombre ne doit pas mûrir sur pied comme un melon ; on le cueille longtemps avant sa maturité, mais on attend, pour le cueillir, qu'il ait acquis à peu près toute sa longueur et toute sa grosseur naturelles; et cela arrive à peu près vingt-cinq jours après qu'il est noué, de sorte qu'on a des concombres de cette saison depuis le 15 avril jusqu'en juin.

CONCOMBRE GROSSE ESPÈCE EN TRANCHÉE.

CULTURE. — Dans la première quinzaine d'avril, on sème la graine sur un bout de couche chaude sous châssis, ou sous choche, si l'on manque de châssis. Aussitôt que la graine est levée, on prépare une couche de printemps, on la couvre de châssis ou de cloches, et, quand elle est arrivée à la température convenable, on y repique le jeune plant de concombre; on ombre pendant la reprise, ensuite on lui rend la lumière en même temps qu'on lui donne de l'air, même la nuit, s'il ne gèle pas ; en quinze jours, le plant est bon à

être planté en place; alors on fait une tranchée
large de 66 centimètres et profonde de 33 centimètres, dans un endroit bien exposé, et longue
à volonté.

On fait, dans la tranchée, une couche haute de
5o centimètres, avec du fumier moitié neuf, moitié vieux, que l'on mouille afin de le faire fermen-
ter convenablement (chose que l'on doit faire en
montant toutes les couches, quand le fumier est
sec), et on la charge avec la terre tirée de la tranchée, de l'épaisseur de 16 à 20 centimètres; on divise et on égalise bien cette terre, et on place au
milieu un rang de cloches, à 1 mètre l'une de l'autre. Peu de jours après, la chaleur sera montée
dans la terre, et, en enfonçant la main dedans, le
maraîcher expérimenté reconnaît si sa température
est arrivée au point convenable à la plantation. Le
moment arrivé, il ôte les cloches, fait un trou à
la place de chacune d'elles, va lever les plants à la
main, avec une bonne motte, et vient les planter
dans les trous, en les enfonçant jusqu'aux cotylédons, les arrose de suite, replace les cloches sur
chaque plant, et les ombre, pendant la reprise,
avec des paillassons ou de la litière.

Au bout de trois jours le plant doit être repris;
alors on lui rend la lumière et on lui donne de
l'air, en soulevant la cloche, du côté opposé au
soleil, avec une crémaillère. Quand le plant a six
ou huit feuilles, on l'étête au-dessus de la troisième;
il pousse des rameaux qui bientôt emplissent la

cloche; c'est le moment de répandre un bon paillis sur la couche et de permettre aux rameaux de s'étendre, en les faisant sortir des cloches et soutenant celles-ci au-dessus des pieds, au moyen de trois crémaillères.

Ces concombres, plantés sur terre échauffée par une couche, poussent plus vigoureusement que ceux plantés précédemment dans le terreau sous châssis; on leur fait subir seulement deux tailles successives, mais plus longues; c'est ordinairement au delà de la quatrième feuille qu'on les opère, et on laisse la plante nouer deux fruits en même temps, jusqu'à ce que chaque pied en ait jusqu'à quinze; pendant ce temps, la saison a permis qu'on enlevât les cloches et a exigé que les concombres fussent arrosés avec soin. Il est sous-entendu qu'il faut toujours bien étendre les rameaux et ôter toutes les feuilles jaunes à mesure qu'on les voit.

Cette plantation peut donner du fruit depuis la dernière quinzaine de juin jusqu'à la fin d'août.

Si l'on se trouve à court de fumier, au lieu de planter le concombre sur une couche en tranchée, voici comme on doit faire : on fait des trous ronds ou carrés, de 66 centimètres de diamètre et de 33 de profondeur; on emplit ces trous de fumier mélangé, bien pressé, on le charge de terre et on plante sur chaque trou un pied de concombre, que l'on traite comme il vient d'être dit.

CONCOMBRE EN PLEINE TERRE.

CULTURE. — Cette culture réussirait mal dans une terre forte et froide; on ne doit l'entreprendre que dans la terre légère, chaude et en même temps fertile et abritée; les maraîchers de Paris la pratiquent dans leurs côtières, avec du plant élevé sur couche et calculé de manière qu'il ne soit bon à mettre en place que vers le 15 de mai. A cette époque, si la côtière contient encore de la laitue ou de la romaine, on en arrache une à chaque mètre 33 centimètres de distance; on retourne et on divise bien la terre, avec une bêche, dans une étendue de 33 centimètres, et on plante à chaque place un plant de concombre qu'on a dû lever avec une bonne motte; on arrose de suite, on couvre d'une cloche le plant pour le priver d'air, et on ombre la cloche pour le préserver du soleil; trois jours après, on lui rend la lumière et l'air en enlevant l'ombre et la cloche; bientôt après, on l'étête, on le taille comme ceux plantés sur couche en tranchée, on le tient encore plus à la mouillure à cause de sa position plus desséchante. Cette plantation donne ses fruits d'août en septembre.

CORNICHON.

Le cornichon est de la même famille et du même

genre que le concombre : ce n'est même qu'une espèce de concombre, dont le fruit est véruqueux, qui se cueille encore vert à la grosseur du doigt, et qui ne s'emploie que confit au vinaigre; dans cet état, il se conserve d'une année à l'autre.

CULTURE. — La graine de cornichon se sème, au commencement de mai, sur une couche de printemps, sous châssis ou sous cloche, et se repique sur une autre couche, comme le concombre, et à la fin du mois le plant est bon à mettre en place.

En culture maraîchère, le cornichon se plante généralement dans les planches qui sont déjà plantées en plein marais; on laboure de petites places, à 1 mètre de distance, dans un ou deux rangs de ces planches, et on y plante un pied de cornichon; on l'arrose, on l'ombre pendant quelques jours avec un peu de litière, et, quand il est bien repris, on l'étête au-dessus de la troisième feuille; bientôt la planche se vide et les bras du cornichon ont de la place pour s'étaler sur la terre, qu'on a eu soin de nettoyer et de couvrir d'un paillis. Les uns font une première taille, comme aux concombres, les autres ne le taillent pas et se contentent de bien étendre les branches sur le paillis. Le cornichon demande à n'être pas négligé à la mouillure, ni dans le retranchement de ses feuilles jaunes.

Planté de cette manière très-simple, le cornichon donne des fruits abondamment, depuis le commencement d'août jusqu'à la fin de septembre, et on peut en cueillir tous les deux jours, parce qu'il ne faut que huit jours après qu'il est noué pour parvenir à la grosseur convenable pour la vente.

CHICORÉES.

Plantes de la famille des composées et de l'ordre dont elles portent le nom : il y en a d'annuelles et de vivaces; les unes s'élèvent à moins de 1 mètre, les autres s'élèvent jusqu'à 2 mètres; les feuilles radicales, entières ou plus ou moins découpées, sont seules comestibles; toutes ont les fleurs bleues et les graines couronnées.

CHICORÉE FINE D'ITALIE.

CULTURE FORCÉE. — La graine de cette chicorée se sème, dans les premiers jours de février, sur une couche mère très-chaude et sous châssis. Les uns recouvrent la graine de 2 ou 3 millimètres de terreau ; les autres ne la couvrent pas du tout. Dès qu'elle est semée, on baisse les châssis et on les couvre de paillassons, pour que la graine soit à l'obscurité et germe plus promptement. En vingt-quatre ou trente heures elle est germée : alors on lui rend la lumière pour que les pousses verdissent; le soir, on remet les paillassons et on la garantit de la gelée par les moyens connus. Le plant grandit vite à la haute température de la couche, et, douze jours après que la graine est semée, le plant est assez fort pour être repiqué. Cette époque a dû être prévue, et on a dû monter une couche pépinière chargée de 10 centimètres de terreau et recouverte de châssis ; on plombe le terreau et on y repique, avec le doigt, le jeune plant de chicorée, tandis qu'elle est bien chaude, à raison de trois cent cinquante à quatre cents plants par panneau, en ayant soin que le rang de devant soit à 16 centimètres du bois du coffre : à mesure que l'on repique, on replace le châssis et on le couvre d'un paillasson, et ainsi de suite, jusqu'à ce que tout le repiquage soit fait ; le surlendemain, on peut rendre la lumière au plant, en continuant de le couvrir le soir et de le garantir du froid : quand le plant est bien repris et qu'on le voit pousser, on lui donne de l'air dans le jour toutes les fois que le temps le permet.

Au bout d'environ trente jours que le plant est repiqué, il faut penser à le planter en place ; alors on fait des couches de printemps, que l'on charge de 14 à 18 centimètres de terreau et que l'on couvre de châssis, et on y plante la chicorée à raison de trente-six à quarante plants par panneau. Nous devons faire ici une observation : quand on va à la couche pépinière pour prendre le plant, il ne faut pas l'arracher comme des raves, il faut, au contraire, passer la main au-dessous des racines, le soulever, afin qu'il reste entre ses radicelles beaucoup de terreau (c'est ce qu'on appelle une motte), et on vient le planter à la main, sur la nouvelle couche, en ne l'enfonçant que jusqu'au collet, parce que la chicorée, ainsi que la laitue, devant étaler ses feuilles sur la terre, serait gênée dans sa croissance, si le bas de ses feuilles se trouvait enterré. A mesure que l'on a planté un panneau ou deux, on replace les châssis et on ombre pendant deux ou trois jours; ensuite on rend la lumière dans le jour et on couvre toutes les nuits. Quand on voit la chicorée pousser, on lui donne de l'air tous les jours, aussi longtemps que la saison le permet.

Cette chicorée a les feuilles le plus finement découpées, et ne doit pas venir aussi grosse que de la chicorée d'automne; quand elle est pleine et large d'environ 22 centimètres, on la lie avec un brin de paille; dix jours après, on en délie un pied, pour voir si elle est assez blanche, et, si elle l'est convenablement, on l'arrache, on la pare et on la livre à la consommation.

La chicorée fine, semée les premiers jours de février et traitée ainsi, peut être vendue vers la fin de mai.

CHICORÉE DEMI-FINE.

Celle-ci se distingue en ce qu'elle est moins frisée, moins découpée et plus grosse que la précédente.

15

CULTURE. —Dans la première quinzaine de mars,
on sème la graine de cette chicorée sur couche
mère très-chaude, et on la repique sur couche
pépinière également chaude, comme on a fait
pour la précédente. Quand le plant est bien repris,
on lui donne de l'air, et, s'il survient de beaux
jours, on ôte les châssis, afin que le plant se raffermisse, et on les remet la nuit, pour peu que
l'on craigne la gelée; il pourra être nécessaire même
de mouiller un peu. Dans les premiers jours d'a-
vril, le plant commencera à être bon à planter en
pleine terre : on labourera et on dressera donc
quelques planches, on les couvrira de 2 centimètres de terreau, et sur chaque planche large de
1 mètre 33 centimètres on tracera avec les pieds
douze ou treize rayons. Quand les rayons sont
faits, on va à la couche pépinière lever du plant
de chicorée, avec un peu de motte, pour le planter, au plantoir, dans les sillons, en plaçant les
pieds à 40 centimètres l'un de l'autre dans les
rangs; on arrose de suite, et, quand la chicorée
est reprise, on l'arrose en raison de la chaleur et
de la sécheresse. Quand elle a le cœur bien plein,
on la lie une première fois par en bas seulement,
et, si la sécheresse ou la chaleur exige qu'on continue de l'arroser, il ne faut pas la mouiller, pendant le grand soleil, avec l'eau froide de nos puits,
cela la ferait gâter dans le cœur; il faut donc l'arroser le matin ou le soir. Huit jours après qu'elle
a été liée, on lui met un second lien dans le haut,

pour lui cacher le cœur, et, quelques jours après,
on peut l'arracher, la parer et l'envoyer à la halle.
C'est ordinairement dans la dernière quinzaine
de juin que cette chicorée est vendable.

CHICORÉE D'ÉTÉ.

Cette espèce est moins sensible au froid que les
précédentes; elle devient beaucoup plus grosse, et
ses feuilles sont plus larges.

CULTURE. — On sème cette espèce, dans les premiers jours d'avril, sur une couche mère très-
chaude, couverte de 10 centimètres de terreau,
assez clair, parce qu'on ne doit pas la repiquer,
et, quand la graine est semée, on la recouvre de
15 millimètres de terreau; mais on n'y met pas de
châssis, comme précédemment : on laisse le plant
se fortifier à l'air et on l'arrose au besoin. Quand
le plant est assez fort pour être replanté, on laboure et on dresse des planches comme à l'ordinaire; mais, au lieu de les couvrir de terreau, on
les couvre d'un paillis, pour les raisons déjà expli-
quées plus haut, et, comme cette chicorée doit
devenir grosse, on trace sur chaque planche, toujours avec les pieds, dix rayons, au lieu de douze
ou treize, et on y plante cette chicorée à 45 centimètres d'intervalle dans les rangs. On sent bien
qu'à cette époque il faut arroser de suite, et soutenir les plantes à la mouillure pendant toute leur

croissance. On peut commencer à lier cette chicorée à la fin de juin et en porter à la halle au commencement de juillet.

CHICORÉE ROUENNAISE.

Cette espèce n'est cultivée par les maraîchers
que depuis sept ou huit ans; elle est plus verte,
finement découpée et moins crépue que les autres.

CULTURE. — Cette espèce se sème, en mai, sur
un bout de couche assez chaude, et, comme on
ne la repique pas, il faut la semer clair. Dans
le commencement de juin, on laboure, on dresse,
on paille des planches, sur lesquelles on trace neuf
ou dix rayons avec les pieds, et on y plante cette
chicorée à 45 centimètres de distance dans les
rangs. On arrose de suite et toutes les fois qu'il
est nécessaire, jusqu'à la récolte ; mais on n'attend
pas jusque-là pour en semer d'autres. Après le
premier semis sur couche dans le courant de mai,
il faut en semer sur terre, tous les quinze jours,
jusqu'en août.

CHICORÉE DE MEAUX.

Cette chicorée est la plus commune, la plus an-
ciennement cultivée, la plus grosse et la plus robuste; c'est elle que l'on conserve bien avant dans
l'hiver, d'abord avec quelques couvertures dans
les jardins, ensuite dans les caves ou celliers. Les

jardiniers qui font beaucoup de chicorée en sèment tous les dix jours, pour ne pas manquer de plant.

CULTURE. — Nous semons la chicorée de Meaux, depuis le commencement de juin jusqu'à la fin de juillet, en pleine terre, dans un endroit qu'on aura bien préparé par un labour et bien divisé : après que la graine est enterrée par un hersage, on répand dessus un léger paillis de fumier très-court ou presque consommé, on mouille légèrement et on répète la mouillure souvent, s'il ne pleut pas. Quand le plant a 8 ou 10 centimètres de haut, on le plante dans des planches bien labourées, dressées et paillées, sur lesquelles on trace seulement neuf rayons avec les pieds, au lieu de dix, parce que cette chicorée devient plus forte que la précédente ; lorsqu'elle est plantée, on l'arrose de suite, et après, d'autant plus souvent que nous sommes à présent dans l'été. Quant aux autres soins jusqu'à la vente, nous n'en parlons pas, puisqu'ils sont les mêmes que pour les espèces précédentes.

CHICORÉE SAUVAGE.

Celle-ci diffère des autres en ce qu'elle est plus haute, vivace ou au moins trisannuelle, que ses feuilles sont lancéolées, ne pomment pas, sont plus amères et d'un usage plus restreint comme aliment.

CULTURE FORCÉE. — Dans le courant de février,

on monte une couche de printemps (il serait inutile de la faire plus forte); on y pose des coffres,
on la charge de 10 ou 12 centimètres de terreau et
on place les châssis ; quand le terreau est chaud,
on y sème la graine très-dru et on la recouvre de
15 millimètres de terreau ; après quoi, on étend
des paillassons sur les châssis. Quand la graine est
levée, on peut lui rendre un peu de lumière; mais
nous ferons observer que cette chicorée devant
rester tendre et d'un vert blond, que l'air et la lumière détruisant ces deux qualités, il ne faut donner à cette petite chicorée que peu de lumière et
point d'air. En moins d'un mois après le semis,
les feuilles sont devenues longues de 8 ou 10 centimètres; alors on les coupe, avec un couteau ou
des ciseaux, à 2 centimètres au-dessus du terreau
et on les porte à la halle. Douze ou quinze jours
après, la plante a repoussé une seconde récolte, que l'on cueille comme la première; puis on
dispose de la couche pour un autre produit.

CHICORÉE BARBE-DE-CAPUCIN.

Quoique la culture maraîchère de Paris ne s'occupe plus guère de faire de la barbe-de-capucin,
depuis que les cultivateurs des environs se sont
emparés de cette branche d'industrie, nous croyons
pourtant devoir rappeler ici, en abrégé, comment
on obtient la barbe-de-capucin qui paraît, pendant
l'hiver, sur les marchés de la capitale et que l'on

mange en salade, le plus souvent, avec de la betterave cuite au four.

Manière d'obtenir la barbe de-capucin. — Fin
de mars et commencement d'avril, on sème la chicorée sauvage, à la volée et un peu clair, en plein
champ. Pendant l'été, on vend les feuilles aux
herboristes. En octobre, on commence à arracher
les racines, pour les faire pousser dans des caves,
et on continue d'en arracher pendant les mois de
novembre, décembre et même en janvier. On apporte ces racines à la maison; on casse toutes les
feuilles près de la tête ou couronne de la racine;
ensuite on rassemble ces racines par grosses bottes
de 33 centimètres de diamètre (1 mètre de tour),
en mettant bien toutes les têtes au même niveau,
et on les lie avec un osier. Pendant ce temps, on
a préparé, dans une cave très-obscure, une couche de fumier de cheval, épaisse de 25 à 30 centimètres; on ne met ni terre ni terreau sur cette
couche; on commence par déposer sur le fumier
un premier rang de ces grosses bottes debout contre le mur, ensuite un second rang contre le premier, puis un troisième rang contre le second, et
ainsi de suite et toujours en échiquier, afin de laisser
le moins de vide possible entre les bottes : il ne reste
ordinairement qu'un petit sentier de vide au milieu de la cave pour le besoin du service. En vingt
ou vingt-deux jours les racines de toutes ces bottes
ont poussé des feuilles étroites, longues de 25 à
30 centimètres, très-blanches, très-propres.

Alors on prend ces grosses bottes, on les apporte à la lumière, on divise chacune d'elles en six ou huit autres petites bottes, contenant chacune une centaine de racines et leurs feuilles, et on lie chacune d'un osier : c'est dans cet état qu'on les livre à la consommation, sous le nom de barbe-de-capucin.

Quoiqu'il n'y ait pas de lumière et que très-peu d'air dans la cave, toutes les feuilles de la chicorée se penchent cependant vers l'endroit où il y a le plus d'air ; c'est pourquoi toutes ces feuilles s'inclinent du même côté, inclinaison que leur conservent les personnes qui les mettent en petites bottes, dans le dessein de les rendre plus agréables à la vue.

Il y a plusieurs manières de faire blanchir la chicorée, mais celle-ci est la plus générale, la plus simple, la plus sûre quand on en fait autant que les cultivateurs qui fournissent de la barbe-de-capucin sur les marchés de la capitale, depuis la fin d'octobre jusqu'à la fin de janvier, époque où la laitue pommée la remplace.

CHICORÉE SCAROLE BOUCLÉE OU A FEUILLES RONDES.

En jardinage, cette plante s'appelle simplement scarole ; mais nous devons la ranger ici avec les chicorées, puisqu'elle en a les caractères. Il y a quelques variétés de scaroles bien connues, qui ont chacune leur nom, mais nous ne cultivons que celle-ci, parce que nous la trouvons plus grosse et de bonne défaite; la salade de scarole est moins dure que celle de chicorée.

CULTURE. — On sème pour la première fois cette scarole en juin sur une petite couche que l'on fait exprès, épaisse de 33 centimètres au plus, recouverte de 10 à 12 centimètres de terreau; la graine se sème un peu clair, parce que le plant ne doit pas être repiqué, et on la couvre de 15 millimètres de terreau; on n'y met ni cloche ni châssis : on en sème de cette même manière jusqu'au dix juillet; après quoi, on la sème en pleine terre jusqu'au huit août. La raison pourquoi nous semons d'abord sur couche, c'est que les racines des plantes font plus de chevelu dans le terreau que dans la terre, et que le chevelu est favorable à la reprise et à la beauté des plantes; après vingt ou vingt-cinq jours de semis, le plant est bon à planter, si on ne l'a pas négligé à la mouillure. On prépare des planches et on les couvre d'un paillis, comme nous l'avons déjà dit plusieurs fois; car, en culture maraîchère, c'est toujours la même chose : on laboure, on dresse, on herse, et on couvre d'un paillis en été et de terreau en hiver toute la terre où l'on veut planter. Pour en revenir à la scarole, quand le paillis est bien étendu, on trace avec les pieds, et toujours avec les pieds, sept à huit rayons par planche, et on y plante la scarole à 66 centimètres de distance dans les rangs; on arrose de suite la plantation, et on continue de la mouiller souvent, tant qu'elle reste sur le terrain.

Si la scarole est bien tenue à la mouillure, elle est bonne à lier cinquante jours après la plantation, et, dix jours après la liure, elle est bonne à livrer à la consommation.

Les semis, faits successivement tous les douze ou quinze jours jusqu'à la fin d'août, se plantent et se traitent de même; les dernières plantations peuvent supporter quelques degrés de gelée, et, avec quelques précautions, on en conserve jusque dans les premiers jours de janvier.

HARICOTS.

Plantes de la famille des légumineuses, de l'ordre et du genre dont elles portent le nom; les espèces et les variétés sont nombreuses : les unes sont grandes, volubiles et ont besoin de tuteur ou d'échalas; les autres sont naines et se soutiennent droites sans tuteur : toutes ont les feuilles ternées ou composées de trois folioles. Les fleurs, en grappes axillaires, sont très-distinctes de toutes les autres fleurs de leur famille, en ce qu'elles ont la carène, les étamines et le style contournés en spirale. Le fruit est une cosse à deux valves, longue et étroite, qui contient plusieurs graines, la plupart réniformes.

Les maraîchers de Paris ne cultivent que l'espèce suivante pour manger en vert.

HARICOT FLAGEOLET.

CULTURE FORCÉE. — Quelques-uns d'entre nous appellent ce haricot, nain de Hollande, nain de Laon, et tous conviennent que c'est le plus hâtif et le plus propre à être forcé. Dans la première huitaine de février, on fait une couche de printemps à pouvoir contenir un coffre à deux ou trois panneaux, dans lequel on étend un lit de terreau épais de 11 à 14 centimètres; après quatre ou cinq jours, la plus grande chaleur est apaisée; alors on égalise le terreau, on le plombe légèrement, on y sème le haricot assez dru, et on le recouvre de 15 millimètres de terreau; après cette opération, on place les châssis et on les couvre de paillassons. Les haricots ne tardent pas à lever; quand ils sont sortis du terreau, on leur rend la lumière dans le jour et on les recouvre la nuit.

Huit ou dix jours après que les haricots sont semés, il faut s'occuper de leur plantation, car ils poussent vite, et il ne faut pas attendre qu'ils soient grands pour les planter. On fait donc promptement, dans un endroit bien exposé, une ou successivement plusieurs tranchées, larges de 1 mètre 50 centimètres et profondes de 40 à 48 centimètres, dans chacune desquelles on établit une couche de l'épaisseur de 66 centimètres, sur laquelle on place des coffres dans lesquels on met 16 centimètres épais de terre bien divisée, tirée de la tranchée même que l'on a faite ou de celle que l'on ouvre à côté, et, lorsqu'elle est bien étendue dans les coffres, on place les panneaux: quand cette terre est suffisamment échauffée, on y plante les jeunes haricots à la main en les enfonçant jusqu'aux cotylédons, à raison de cinq rangs par panneau; on en met deux dans chaque trou, à 27 millimètres (1 pouce) l'un de l'autre, pour former touffe, et chaque touffe à 18 ou 20 centimètres l'une de l'autre dans les rangs. Aussitôt qu'on a planté un ou deux panneaux, on place les châssis et un paillasson par-dessus, et ainsi de suite jusqu'à la fin de la plantation. Quand les haricots sont repris, on ôte les paillassons dans le jour et on les remet la nuit, et on leur donne un peu d'air toutes les fois que le temps le permet; pour cela, on a des cales en bois épaisses de 3 centimètres, larges de 8 centimètres et longues de 18 centimètres, et on les place à plat, de côté ou debout, sous le bord des panneaux, selon que l'on veut donner plus ou moins d'air aux haricots, ainsi qu'à toutes les plantes sous châssis.

Quand les haricots sont forts et qu'ils commencent à fleurir, il faut les visiter souvent, pour ôter les feuilles mortes ou qui jaunissent; il faut même en ôter de vertes, pour donner de l'air aux plantes et que les rayons du soleil puissent les pénétrer, afin que le fleur ne coule pas et que les *aiguilles* (petits fruits) se forment; lorsque ces fruits (petits haricots verts) sont longs de 6 à 7 centimètres, c'est le moment de les cueillir, et, comme ils se succèdent rapidement, on peut les cueillir tous les trois jours. Il peut arriver que la terre se dessèche, et les fruits couleraient si on n'arrosait pas de temps en temps; un arrosoir d'eau par châssis est suffisant. Cette plantation bien conduite donne des haricots tendres pendant deux mois, et les mêmes couches étant retournées, on peut y planter une dernière saison de melon.

HARICOT FLAGEOLET EN PLEINE TERRE SOUS CHASSIS.

CULTURE. — Dans la dernière quinzaine d'avril, on fait un bout de couche, on y place un coffre à deux ou trois panneaux, et on y sème le haricot comme il est dit ci-dessus; quand il est bien levé, on laboure une ou plusieurs planches, larges chacune de 1 mètre 40 centimètres, à bonne exposition, et, quand la terre est bien hersée, bien divisée, on la couvre de 2 centimètres de terreau, et on y place des coffres, dans lesquels on plante les haricots comme nous l'avons dit, et on les recouvre de châssis sur lesquels on étend des paillassons le jour, jusqu'à ce que le plant soit repris; ensuite on donne de l'air de plus en plus et on mouille en raison de la sécheresse. En cette saison, on enlève ordinairement les châssis avant que les haricots

fleurissent : l'air les rend plus robustes, et ils fructifient abondamment jusqu'à la fin de juillet ; époque où les maraîchers cessent de cultiver le haricot
parce qu'il en arrive beaucoup de la campagne sur
les marchés, et qu'ils ne peuvent plus soutenir la
concurrence.

Si on manquait de châssis pour faire cette dernière saison de haricots, on pourrait, après les avoir
fait germer sur couche, les planter sous des cloches
à 4 pieds par clochée, dans de la terre préparée
comme pour les châssis ; après les avoir ombrés
pour les faire reprendre, on leur donne de l'air en
soulevant les cloches du côté du nord au moyen
de crémaillères, et on n'attend pas que les cloches
soient pleines pour déclocher, car les feuilles qui
toucheraient le verre brûleraient.

PERSIL.

Plante de la famille des ombellifères et du genre
dont elle porte le nom ; c'est une plante bisannuelle, à racine pivotante, haute d'environ 1 mètre,
à feuilles radicales décomposées : fleurs en ombelle, blanchâtres, auxquelles succèdent des fruits
géminés, ovales, striés. Les feuilles radicales de la
plante sont employées comme condiment en cuisine. Parmi les différentes variétés de persil, les
maraîchers de Paris ne cultivent que le blond et
le vert ; ils estiment mieux le vert que le blond.

CULTURE FORCÉE. — Cette culture est si simple,

Février

qu'elle mérite à peine l'épithète de *forcée;* elle est même très-peu pratiquée par les maraîchers de Paris, sans doute à cause de l'inconstance de nos hivers. Elle consiste à faire une couche dans les premiers jours de février, même de janvier, à la charger de 16 centimètres de terreau, d'un coffre et de châssis, et à y planter des pieds de persil tout venus, où ils produisent promptement ces feuilles.

Et, comme le persil est une chose indispensable en cuisine, quand il arrive des hivers longs et rigoureux qui tiennent en léthargie ou tuent celui de la pleine terre, celui conservé sous châssis acquiert un très-haut prix qui récompense grandement son possesseur, mais qui, dans les hivers doux, ne lui occasionne que de la perte. Il en est de même de l'oseille dont nous parlerons dans les cultures du mois d'avril.

PERSIL EN COTIÈRE.

Culture. — Dès le premier jour de février, on sème un ou deux rayons de persil au pied d'un mur à bonne exposition; il ne lèvera qu'à la fin de mars, et on pourra en couper, fin d'avril et en mai. Il est plus tendre et moins fort que le vieux persil, qui monte à cette époque.

PERSIL EN PLEINE TERRE.

Culture. — Dans les premiers jours d'avril, on

laboure une planche de la largeur ordinaire, sur
laquelle on trace avec les pieds douze sillons, profonds de 2 centimètres, dans lesquels on sème la
graine; quand elle est semée, on repasse entre les
sillons, et avec les pieds on fait tomber la terre à
droite et à gauche sur la graine; ensuite on passe
un râteau sur le tout pour unir la terre, et on la
couvre de 2 centimètres de terreau; cela fait, on
plante sur une planche neuf à dix rangs de romaine,
à la distance de 66 centimètres dans les rangs, que
l'on arrose de suite et que l'on entretient à la
mouillure en raison de la sécheresse; le persil
étant longtemps à lever et grandissant lentement,
la romaine est venue et vendue avant qu'on puisse
cueillir le persil.

Tant que la romaine existe avec le persil, il profite des arrosements de la romaine; mais, quand il
se trouve seul, il ne faut pas oublier de l'arroser
de temps en temps. Pendant tout l'été, le persil se
cueille plusieurs fois, en le coupant avec un couteau à près de 3 centimètres au-dessus de terre;
mais, pendant l'hiver, on le cueille à la main en dé-
collant les feuilles du pied et ménageant le cœur.
Au printemps, il monte, et on le détruit si on n'a
pas besoin de sa graine.

MARS.

ASPERGE.

Plante dioïque, de la famille des liliacées et du genre dont elle porte le nom ; c'est une plante qui produit un gros rhizome vivace, appelé vulgairement griffe ou patte, duquel s'élèvent des tiges annuelles, rameuses, hautes de 1 mètre et plus, munies de très-petites feuilles ; les fleurs sont petites, blanchâtres ; il leur succède (sur les pieds femelles) de petits fruits rouges, pisiformes, qui contiennent les graines.

Les parties comestibles de l'asperge sont ses jeunes tiges, lorsqu'elles n'ont encore que de 6 à 12 centimètres de longueur au-dessus de terre.

OBSERVATION. — Les maraîchers de Paris ne faisant de l'asperge qu'en culture forcée, leur manière de la planter devra paraître différente de celle généralement suivie dans les jardins potagers.

CULTURE. — Dans le courant de mars, on laboure une planche en bonne terre meuble qui ne soit ni à l'ombre, ni dans un endroit trop chaud, et on y sème à la volée la graine d'asperge dite de Hollande, de Marchiennes, ou enfin de la plus belle espèce possible ; on la herse pour l'enterrer, et on répand sur la planche l'épaisseur de 3 centimètres de terreau. Tandis que les jeunes plantes poussent,

16

on les ésherbe au besoin, et, si l'été est sec, quelques bonnes mouillures leur seront très-utiles.

Après un an de semis, le plant est bon à planter;
alors, au mois de mars, on fait une fosse large de
1 mètre 33 centimètres, profonde de 40 centimètres, en jetant la terre d'un côté; on met 20 centimètres d'épaisseur de fumier de vache bien pressé
dans le fond de la fosse et on le couvre de 8 centimètres de la meilleure terre tirée de la fosse, que
l'on tasse bien avec les pieds, ensuite on y passe le
râteau.

Cette opération étant faite, on arrache l'asperge
semée un an auparavant; les griffes ont les racines
entremêlées les unes dans les autres, on les sépare
et on en place quatre rangs sur la terre qui
est dans la fosse, laquelle a 1 mètre 33 centimètres de largeur et une longueur à volonté; mais
il faut que les deux rangs des côtés soient à
16 centimètres du bord, parce que, en vieillissant,
l'asperge s'étendrait dans le sentier, ce qui serait
un inconvénient au moment de la chauffer. En
laissant 16 centimètres (6 pouces) de chaque côté,
il ne reste plus que 1 mètre (3 pieds) pour planter
quatre rangs d'asperges, ce qui met les rangs à
24 centimètres (9 pouces) l'un de l'autre, et, pour
augmenter la distance d'un pied à l'autre, on les
place en échiquier, en laissant un espace de 40 centimètres (15 pouces) entre chaque pied dans les
rangs, et on recouvre le tout de 8 à 10 centimètres
de terre.

La distance des rangs et des pieds entre eux étant ainsi calculée, on procède à la plantation ; on prend une griffe, on la pose à la place indiquée sur la terre préparée, en étendant bien les racines à la circonférence, et on la fixe dans cette position en mettant une poignée de terre dessus. Quand toute la fosse est plantée, on la remplit avec la terre qu'on en avait tirée, en la tenant un peu plus haute ; car le fumier qui est dans le fond doit baisser en se pourrissant, et il faut que les fosses se trouvent, par la suite, au niveau des sentiers (1) : alors il y aura environ 8 ou 10 centimètres de terre sur les griffes.

Après que cette première fosse est plantée et comblée, on en ouvre une pareille à côté, à 66 centimètres de distance, on la plante de même, et ainsi de suite, jusqu'à ce que le carré soit planté, en laissant toujours un sentier large de 66 centimètres (2 pieds) entre chaque fosse.

---

(1) Il y a plusieurs autres manières de planter l'asperge, surtout lorsqu'on ne doit pas la forcer et que l'on veut qu'elle produise pendant une vingtaine d'années ; ainsi on la plante plus profondément : on plante l'asperge sur de petits cônes de terre afin que ses racines soient à peu près perpendiculaires, qui est la direction qu'elles prennent naturellement par la suite ; on ne remplit les fosses que peu à peu pendant trois ans ; mais nous, nous ne demandons à l'asperge qu'une existence d'une douzaine d'années et la plantons plus jeune et plus près que ceux qui ont beaucoup de place à lui donner.

Quand tout le carré est ainsi planté, on laisse
l'asperge croître et se fortifier pendant deux campagnes, en ayant soin seulement de n'y pas laisser
venir de mauvaise herbe, de tenir le carré propre
et de donner un très-petit labour, plutôt à la fourche qu'à la bêche, en mars, la seconde année.

Si le plant était bon, si la plantation a été bien
faite, à l'automne de la seconde année, on jugera,
à la grosseur des tiges de l'asperge, qu'elles sont
assez fortes pour être forcées en novembre (1).

Manière de forcer l'asperge blanche. — Dans la
première quinzaine de novembre, on creuse les
sentiers du carré d'asperges sur 66 centimètres de
largeur et autant de profondeur; on met de cette
terre bien divisée l'épaisseur de 18 à 22 centimètres
sur les planches d'asperges, afin de les faire allonger,
et le reste se dépose au bout des sentiers. Quand
ces sentiers sont vides, on les emplit de bon fumier
neuf de cheval, arrangé et bien tassé comme
quand on fait une couche; on place les coffres sur
les planches d'asperges; on étale bien la terre qu'on
a déposée sur les planches; on remet encore du
fumier neuf dans les sentiers jusqu'au bord supérieur des coffres; on creuse de pareils fossés au

---

(1) Beaucoup de personnes laissent l'asperge croître en
liberté pendant trois ans et ne commencent à les couper qu'à
la quatrième année de plantation ; mais nous autres ne pouvons pas attendre aussi longtemps : nous les coupons à leur
troisième pousse.

bout des planches, qu'on emplit également de fumier. Plusieurs maraîchers emplissent aussi les coffres de fumier neuf, avant de placer les châssis, dans le but d'échauffer le dessus de la terre en même temps que le fumier des sentiers en échauffe les côtés : enfin , les châssis étant posés, on les couvre de litière sèche ou de paillassons , afin que la chaleur qui va se manifester dans la terre ne s'évapore pas en pure perte ; on remet même encore du fumier dans les sentiers pour l'élever plus haut que le bord supérieur des coffres.

Quinze ou vingt jours après, les asperges commencent à sortir de terre ; ceux des maraîchers qui ont empli les coffres de fumier le retirent pour laisser la terre à nu et recouverte seulement de châssis, afin de voir les asperges pousser ; mais il faut, toutes les nuits, couvrir les châssis de paillassons simples ou doubles, selon le degré de froid qui peut survenir. On coupe les asperges quand elles sont longues d'environ 8 centimètres (3 pouces) au dehors de terre ; voici comme on doit s'y prendre : on fouille avec la main, en retirant la terre au pied de l'asperge et en prenant garde de casser ou blesser celles qui ne sont pas encore sorties de terre ; en fouillant et en retirant la terre à plusieurs fois, on finit par dégager l'asperge sur une longueur d'environ 20 centimètres ; alors on la saisit tout à fait dans le bas avec la main , on la tire fort en tordant très-légèrement, et elle se dé-

tache de la griffe ou rhizome à plusieurs centimètres au dessous de l'endroit que l'on tient ; de sorte
qu'une belle asperge, qui vient d'être cueillie, doit
avoir environ 24 centimètres de longueur.

On appelle des asperges ainsi forcées *asperges
blanches*, parce qu'elles ont, en effet, beaucoup
plus de blanc que celles qui viennent, au printemps, à l'air libre. On peut cueillir l'asperge blanche tous les deux jours et pendant deux mois ; après
ce temps, on cesse la cueillette pour ne pas épuiser
et affaiblir le plant. Si donc on voulait avoir de
l'asperge blanche tout l'hiver, il faudrait diviser
un carré d'asperges en trois lots et les réchauffer
successivement à cinq ou six semaines de distance.
Il ne faut pas oublier qu'un plant d'asperges qui a
été forcé l'hiver ne doit pas être cueilli derechef
au printemps, sous peine de le voir épuisé très-
promptement.

Nous venons de dire qu'on peut cueillir l'asperge
blanche pendant deux mois ; mais c'est à condition
qu'on entretiendra la chaleur dans les réchauds
ou le fumier qui entoure les planches d'asperges.
La pratique apprend à juger quand ce fumier a
perdu sa chaleur ; on s'en aperçoit quand les asperges ne croissent plus avec la rapidité voulue,
qu'elles ne sont plus aussi fraîches, qu'elles ont
quelques taches de rouille : alors il faut se hâter
de remanier le fumier des sentiers, en y mélangeant moitié de fumier neuf ou même davantage,

et il peut être nécessaire de renouveler cette opération deux ou trois fois pendant les deux mois que dure la cueillette.

La cueillette finie, on enlève les coffres et les châssis de dessus les planches d'asperges; on enlève également le fumier des sentiers et on y remet la terre qu'on en avait tirée, dont partie avait été déposée sur les planches pour augmenter la longueur des asperges, et partie déposée au bout des sentiers. En faisant descendre dans les sentiers la terre qui avait été déposée sur les planches, on trouve des asperges plus ou moins avancées et qui ne se montraient pas encore au-dessus de terre : ces asperges ne sont pas propres à la vente; mais la jardinière les met à profit dans sa cuisine. Les asperges se vendent à la botte, et une botte a de tour environ 40 centimètres.

Pour avoir de belles asperges et ne pas trop fatiguer les griffes, on ne doit les chauffer qu'une fois en deux ans; cependant il y a des maraîchers qui les chauffent deux ans de suite et les laissent reposer seulement la troisième année.

Manière de forcer l'asperge verte ou *aux petits pois*. — Ce ne sont pas les maraîchers de Paris qui sèment et élèvent cette asperge; ce sont les cultivateurs des environs de la capitale qui l'élèvent en plein champ, aux Vertus, à Saint-Denis, à Saint-Ouen et ailleurs, en immense quantité : après un an de semis, ils la plantent et la cultivent, pendant trois ans, sans la cueillir; ensuite ils la cueillent chaque année, selon l'usage, et c'est quand ces asperges sont dans leurs premières années, ou qu'elles ont d'un à six ans de plantation, ou qu'elles sont dans leur plus grand rapport, que les maraîchers qui forcent l'asperge vont l'acheter. L'asperge qui n'a qu'un an ou deux de plantation se vend de 8 à 900 fr. le demi-hectare, tandis que celle qui a cinq ou six ans de plantation ne se vend que de 3 à 4 et 500 fr. le demi-hectare; et, comme le maraîcher est fort intéressé à ce que l'asperge soit bien levée, c'est ordinairement lui et ses hommes qui vont l'arracher.

On peut forcer l'asperge verte depuis le mois d'octobre jusqu'à ce que les asperges de pleine terre donnent. Voici la manière de la forcer :

On fait des couches larges de 1 mètre 60 centimètres (5 pieds), épaisses de 54 à 64 centimètres (20 ou 24 pouces), appuyées l'une contre l'autre, avec deux tiers de bon fumier d'auberge, bien imbibé d'urine, et d'un tiers de fumier ordinaire, bien mêlés ensemble, et on place dessus des coffres hauts de 40 à 50 centimètres par derrière, et de 32 à 35 centimètres par devant. Quand le coup de feu est passé, on prend des griffes d'asperge, on les place debout sur leurs racines, sur le fumier de la couche, en pressant les griffes et leurs racines les unes contre les autres, de manière que toutes les griffes soient à la même hauteur et qu'il en tienne de 450 à 500 sous chaque panneau. Quelques maraîchers font glisser un peu de terreau entre chaque

griffe ; d'autres n'y placent rien ; enfin , à mesure
que l'on exécute cette sorte de plantation, on place
les châssis dessus, et on couvre avec des paillassons en raison du froid. L'humidité chaude du fumier ne tarde pas à s'élever dans les racines et entre
les griffes de l'asperge, à former une atmosphère
chaude sous les châssis, à pénétrer toutes les griffes
et à les mettre en végétation ; alors les boutons des
griffes, qui ne devaient s'allonger qu'en avril ou
mai , stimulés par la chaleur et l'humidité, s'al-
longent successivement et rapidement; mais leurs
jets sont beaucoup plus minces que si les griffes
n'eussent pas été arrachées de terre.

Quoique les coffres à forcer l'asperge verte soient
plus hauts que les autres, quand l'asperge commence à pousser, il faut mettre des bouchons de
paille sous les coffres , pour que le verre des
châssis se trouve à 33 centimètres du sommet des
griffes, car beaucoup d'asperges ont une longueur
de 28 à 32 centimètres lorsqu'on les cueille; mais
en même temps qu'on élève les coffres , il faut
remplir les sentiers de fumier jusqu'au haut des
coffres, tant pour empêcher l'air extérieur de pénétrer jusqu'aux asperges que pour y entretenir
la chaleur : si même, pendant la cueillette, on
s'apercevait que la couche ne fournît plus assez de
chaleur, on devrait remanier et mélanger du fumier neuf avec l'ancien dans les sentiers, une ou
deux fois.

Quinze jours après que les griffes sont placées

sur couches et sous panneaux, on commence à cueillir des asperges, si la chaleur a été bien entretenue, et elles peuvent en produire pendant six semaines, qui est à peu près le temps nécessaire pour que tous les yeux des griffes soient épuisés, et, pendant ce temps, on peut cueillir des asperges vertes tous les deux ou trois jours; mais les dernières cueilles sont moins abondantes et les asperges sont moins grosses que les premières. Une griffe peut produire, terme moyen, dix asperges vertes, et, comme un panneau peut contenir de quatre cent cinquante à cinq cents griffes, il en résulte qu'on peut cueillir aussi de quatre mille cinq cents à cinq mille asperges vertes sous un panneau de châssis.

Cette asperge se vend par bottes de 32 centimètres de tour, sous les noms d'asperge verte ou d'asperge aux petits pois, parce qu'on la mange le plus souvent cassée en petits morceaux qui imitent assez des pois verts : les griffes qui l'ont produite sont rejetées par les maraîchers de Paris, parce qu'ils n'ont pas le temps ni le besoin de les faire consommer en terreau.

La culture de l'asperge verte, aussi bien que celle de l'asperge blanche, est très-dispendieuse; aussi n'y a-t-il qu'un très-petit nombre de maraîchers de Paris qui la cultivent, encore y a-t-il des années où ils en retirent à peine leurs frais.

AUBERGINE OU MÉLONGÈNE.

Plante de la famille des solanées et du genre *solanum*, originaire des pays chauds. Elle est annuelle, s'élève sur une tige haute d'environ 45 centimètres, raméuse, garnie de grandes feuilles ovales, tomenteuses; ses fleurs sont bleuâtres et leur calice est aiguillonné; à ces fleurs succèdent des fruits gros, pendants, charnus, oblongs, violets ou jaunâtres, qui sont la seule partie comestible de la plante.

CULTURE. — Dès les premiers jours de mars, ou même dès la fin de février, on monte une couche mère à un panneau, on place dessus un petit coffre dans lequel on répand 8 centimètres de terreau, que l'on couvre d'un châssis sur lequel on déroule un ou deux paillassons pour accélérer la fermentation. Quand le coup de feu est passé, on sème la graine d'aubergine sur le terreau et on l'en recouvre de 1 centimètre. La graine d'aubergine, ainsi semée, lève en quatre jours. En attendant que le plant se fortifie, on prépare une couche pépinière à deux ou trois panneaux, et, huit ou dix jours après, on y repique le plant, de manière qu'il en tienne cent cinquante sous chaque panneau. On ombre si le soleil luit avant que le plant ne soit repris, on le couvre, la nuit, avec des paillassons et on fait un accot autour de la couche pour y maintenir la chaleur.

L'aubergine grandissant assez lentement, le plant d'un seul semis suffit pour en faire deux planta-tions, à un certain temps l'une de l'autre : ainsi, si l'on a des couches vides au commencement d'avril, on en laboure le terreau et on y plante des aubergines à quatre pieds par panneau, si la couche est à châssis; ou bien, si la couche est à cloches, on y plante deux rangs et les pieds à 66 centimètres dans les rangs. Dans les deux cas, on arrose le plant de suite pour l'attacher à la terre : dans le premier cas, il faut placer de suite les châssis et ombrer pendant la reprise; dans le second cas, il faut placer une cloche sur chaque plant et l'ombrer pour la même raison, et préserver du froid par les moyens connus.

L'aubergine demande des arrosements fréquents pendant sa croissance. Après le 15 mai, les gelées n'étant plus à craindre, on enlève les châssis et les cloches, et, si la plante n'a pas manqué de mouillures nécessaires, elle pourra donner des fruits bons à être livrés à la consommation à la fin de juin et dans le courant de juillet. L'aubergine, cultivée ainsi sur couche, donne de plus beaux fruits que celle cultivée en pleine terre, à condition pourtant que la mouillure ne lui manquera pas.

La seconde manière de cultiver l'aubergine est d'attendre jusqu'au 15 ou 20 avril pour planter le plant en pleine terre, dans une côtière ou dans un endroit abrité, de couvrir chaque plant d'une cloche, qu'on soulèvera à propos, avec une cré-

maillère, pour donner de l'air, et qu'on n'ôtera
définitivement qu'à la fin de mai : alors on forme
un petit bassin autour du pied de chaque plante,
on y répand un paillis et on mouille souvent et
abondamment.

La culture de l'aubergine est fort restreinte à
Paris, et peu de maraîchers s'en occupent, parce
que le débit en est petit et peu sûr.

TOMATE OU POMME D'AMOUR.

Plante de la famille des solanées et du genre
solanum, originaire de l'Amérique méridionale. Elle
est annuelle, rameuse, diffuse, s'élève à la hauteur
de plus de 1 mètre au moyen d'un soutien, est munie
de feuilles ailées, incisées, et a des fleurs petites,
d'un blanc sale, disposées en grappes simples, auxquelles succèdent des fruits rouges, arrondis, toruleux, succulents, qui sont la seule partie comestible
de cette plante. Il y a plusieurs variétés de tomate,
mais nous ne cultivons que celle à fruit rouge et
toruleux.

CULTURE. — La graine de tomate se sème à la
fin de mars ; on a rarement besoin de faire une
couche mère pour cela, car à cette époque on ne
manque pas de couches veuves ou remaniées qui
ont assez de chaleur, et on trouve toujours sur
quelqu'une la place suffisante pour semer deux ou
trois clochées de graine, quantité plus que suffisante pour le plus fort maraîcher. Quand la graine

est levée et que les plantes sont hautes de 5 ou
6 centimètres, on les repique sur une autre couche tiède sous cloche ou sous châssis; on peut en
mettre douze pieds sous une cloche, et deux cents
sous un panneau de châssis; on arrose et on ombre
de suite; deux ou trois jours après, on rend la lumière, on donne de l'air et on l'augmente successivement jusqu'au premier mai : si alors le
temps est doux, on peut enlever les cloches et les
châssis, mais ne pas les éloigner, afin qu'on puisse
les remplacer à la moindre apparence de gelée, car
la tomate y est très-sensible. Après le 15 de mai,
on n'a plus ordinairement de gelée à craindre,
alors il est temps de la planter à demeure et à l'air
libre.

Les maraîchers qui ont semé la graine de tomate au commencement de mars la plantent sur
vieille couche, sur deux rangs et à 2 pieds de distance dans les rangs. Ceux des maraîchers qui ont
semé à la fin de mars plantent en plein carré ou
en côtière, en plaçant les pieds à au moins 66 centimètres (2 pieds) l'un de l'autre; si on plante en
plein carré, on peut planter quatre rangs dans une
planche de 2 mètres 33 centimètres de large, et
mettre les pieds en échiquier dans les rangs à
1 mètre l'un de l'autre. Quant à la plantation en
elle-même, elle ne réclame rien de particulier; on
mouille le pied aussitôt qu'il est en terre, et il se
défend lui-même du soleil.

Les tiges de la tomate sont faibles, ne s'élèvent

pas naturellement d'elles-mêmes, et elles se ramifient à la base; alors, quand elles sont longues de
40 centimètres (15 pouces), on choisit deux ou
trois des plus vigoureuses branches, et on supprime toutes les petites pousses qui sont au dessous d'elles et sur leur longueur; puis on fiche
un bon tuteur de 1 mètre de haut à chaque pied,
et on y attache avec un brin de paille les tiges
préparées de) mate : ces tiges continuent de
pousser, et on leur donne un second, un troisième lien, jusqu'à ce qu'elles soient hautes comme
le tuteur ou d'environ 1 mètre; alors on les arrête
en leur coupant la tête : les rameaux latéraux se
fortifient, grandissent; mais on les arrête aussi à
une certaine longueur, et les fleurs se montrent.
Tant que la tomate n'a pas de fruits, on ne l'arrose
que modérément, afin qu'elle ne pousse pas
trop à bois et qu'elle soit mieux disposée pour la
fleur; mais, quand les fruits sont noués, on doit
l'arroser abondamment pour les faire grossir, et on
continue de supprimer tout ce qui s'élève au-
dessus des tuteurs.

Les tomates plantées sur couche donnent des
fruits mûrs dans la première quinzaine de juin;
mais celles plantées en pleine terre ne commencent à en donner qu'à la fin de juin et continuent
d'en donner en juillet, en août et même jusqu'aux
gelées si l'on veut. On cueille les tomates lorsqu'elles sont bien rouges; les premières se vendent à la douzaine et les autres au calais.

OBSERVATIONS. — Nous venons de dire comment les maraîchers cultivent les tomates ; mais nous n'ignorons pas que quelques personnes les attachent contre un treillage, les palissent contre un mur, contre un brise-vent, et qu'il y en a d'autres qui les laissent venir à volonté ; cela vient de ce que la tomate est une plante très-fertile et que, de quelque manière qu'on la cultive, on en obtient toujours beaucoup de fruit.

Il ne paraîtra pas déplacé que nous notions ici que la tomate se greffe parfaitement en herbe sur les tiges de la pomme de terre, ce qui produit une double récolte dans le même espace de temps et de terrain ; car, quand les fruits de la tomate sont récoltés, on fait dans la terre une autre récolte de pomme de terre.

PERCE-PIERRE.

Plante de la famille des ombellifères, de la section des sésélinées et du genre dont elle porte le nom. C'est une plante indigène, vivace, à tige herbacée, rameuse, haute d'environ 3o centimètres, charnue ainsi que ses feuilles, qui sont deux fois ailées, à folioles linéaires : les fleurs sont petites, blanchâtres, terminales, et il leur succède de petits fruits ovoïdes et striés ; les feuilles et les jeunes tiges sont employées dans la fourniture de salade et avec les cornichons confits au vinaigre.

PERCE-PIERRE MARITIME.

La culture de cette plante est très-bornée, et on ne la trouve que chez très-peu de maraîchers : on peut la semer en mars au pied d'un mur, au levant ou au couchant; ses racines entreront dans le mur, et pousseront des tiges, des feuilles et des fleurs tous les ans : on peut aussi la semer en bordure comme l'estragon, et elle vivra également longtemps; on en cueille les feuilles et les jeunes tiges de la même manière.

PIMENT.

Plante de la famille des solanées et du genre dont elle porte le nom. Elle est originaire des Indes, et fut introduite en Europe il y a environ deux cents ans. Il y a plusieurs espèces et variétés de piment; mais les maraîchers, et en très-petit nombre, ne cultivent que le piment à gros fruit ou corail, qui est une plante annuelle, rameuse, haute de 40 à 5o centimètres, munie de feuilles oblongues, nombreuses, de fleurs petites et d'un blanc verdâtre, auxquelles succèdent des fruits longs d'environ 8 centimètres, d'un très-beau rouge, employés comme condiment en cuisine.

PIMENT CORAIL.

Dans le courant de mars, on sème une pincée assez claire de cette graine, sur un bout de couche tiède, et, quand le plant est haut de 8 à 18 centimètres, on le plante en motte sur le bord d'une autre couche à 40 ou 5o centimètres de distance :

17

on pourrait le planter en pleine terre, mais il ne viendrait ni aussi vite, ni aussi bien que dans le terreau d'une couche; il demande beaucoup d'eau, et ses fruits rougissent et mûrissent successivement depuis le mois d'août jusqu'aux gelées.

BONNE-DAME.

Plante de la famille des chénopodées et du genre arroche. C'est une plante annuelle, originaire de l'Asie, haute de 1 à 2 mètres, peu rameuse, à fleurs insignifiantes, auxquelles succèdent de petits fruits enfermés dans le calice. Les parties comestibles de cette plante sont ses feuilles jeunes, triangulaires, assez grandes.

BONNE-DAME OU BELLE-DAME DES JARDINS.

Cette plante a fort peu d'importance en culture maraîchère. Fin de mars ou dans les premiers jours d'avril, on jette quelques graines dans les planches des autres semis et plantations, et elle vient sans qu'on s'en occupe : quand elle est haute de 12 à 15 centimètres, on l'arrache, on lui coupe le bas de la tige, on la met par bottes et on l'envoie à la halle; ou bien, on laisse grandir la plante, on en cueille les feuilles une à une et on les vend en mannette.

Il y a une variété à tige et feuilles rouges tout

aussi bonne et qui ne demande pas plus de soin ;
quand l'une et l'autre sont introduites dans un
jardin et qu'on les y laisse grener, elles s'y reproduisent d'elles-mêmes plusieurs années de suite.

AVRIL.

PIMPRENELLE.

Plante de la famille des rosacées, tribu des san-
guisorbes et du genre *poterium*. C'est une petite
plante vivace, indigène, à feuilles composées, radicales, et dont la tige ne s'élève qu'à 5 décimètres;
divisée au sommet, chaque division terminée par
une boule de fleurs monoïques, auxquelles succèdent de petites graines tétragones. Les parties
comestibles de cette plante sont ses feuilles, dont
on fait usage dans les garnitures des salades.

CULTURE. — Cette plante est cultivée en très-
petite quantité par les maraîchers de Paris, parce
que sa consommation est fort minime : on la sème
en planche ou en bordure dans le courant d'avril;
quand elle est recouverte de quelques millimètres
de terre, on met, par-dessus, un léger paillis, et on
arrose au besoin. Quand les feuilles sont hautes de
12 à 15 centimètres, on les coupe près de terre et
on les vend par petites bottes. Aussitôt que les
feuilles sont coupées, on donne une bonne mouil-

lure aux plantes pour les déterminer à en repousser d'autres promptement, et on les arrose de
temps en temps si la saison est sèche.

La pimprenelle n'est pas difficile sur le terrain;
mais, pour que ses feuilles conservent un vert
frais, appétissant, il faut la semer à l'ombre ou
demi-ombre.

ESTRAGON.

Plante de la famille des composées, de la section
des arthémidées et du genre arthémise. C'est une
plante vivace, originaire de la Tartarie, à racines
traçantes, à feuilles linéaires, lancéolées, et dont les
tiges s'élèvent à la hauteur d'environ 40 centimètres; les fleurs sont très-petites et insignifiantes.
Les jeunes tiges et les feuilles tendres sont les
seules parties comestibles : on les emploie dans
les garnitures des salades.

CULTURE. — On sème l'estragon à la volée dans
un bout de planche en avril, et, quand ses jeunes
tiges sont hautes de 16 à 20 centimètres et bien
garnies de feuilles, on les coupe près de terre, on
les réunit par petites bottes et on les porte à la
halle. Après cette première coupe, on arrache les
pieds et on les replante en planche : on en peut
mettre dix rangs dans une planche large de 2 mètres
33 centimètres, et les pieds à 27 centimètres l'un
de l'autre dans les rangs. Ailleurs, l'estragon se

plante le plus souvent en bordure; mais les maraîchers de Paris ne peuvent rien planter en bordure. Il vaut mieux planter l'estragon à mi-ombre
qu'au grand soleil : pendant l'été on peut le cueillir
tous les quinze jours, et il peut rester trois ans en
place ; mais, comme il trace beaucoup, qu'il tend
toujours à sortir des rangs, on l'arrache au bout de
trois ans pour le replanter ailleurs. Cette plante
ne tient qu'un très-petit rang dans la culture maraîchère.

CRESSON ALÉNOIS.

Plante de la famille des crucifères, de la section
des lépidinées et du genre thlaspi. La plante est
annuelle, d'une patrie inconnue, à petites feuilles
très-découpées, à tige haute de 2 à 3 décimètres,
portant des grappes de petites fleurs blanches auxquelles succèdent de petites siliques orbiculaires
échancrées au sommet. Les parties comestibles
de cette petite plante sont les feuilles inférieures
qui entrent dans la composition des salades.

Culture. — Nous distinguons et nous cultivons
dans nos marais, en très-petite quantité cependant, le cresson alénois simple et le double, c'est-
à-dire celui qui n'a pas les feuilles frisées et celui
qui les a frisées : on sème la graine en pleine terre
les derniers jours d'avril ou les premiers jours de
mai, en rayon plutôt qu'à la volée, afin d'en
rendre la cueillette plus facile, et on la couvre

d'une légère couche de terreau; cette graine lève
très-promptement, et, comme la plante croît ex-
cessivement vite, la gelée pouvant l'atteindre, on
prend quelques précautions pour l'en garantir
dans cette première saison. Quand les feuilles ont
8 ou 10 centimètres de haut, on les coupe pour la
vente : la plante en repousse d'autres qu'on peut
cueillir une seconde fois; mais c'est tout. La plante
monte en graine; alors on la laisse grener si on en
a besoin, autrement on la détruit. Cette petite
plante croissant vite et durant peu, il faut en semer tous les dix ou douze jours pendant l'été.

Avant que le cresson de fontaine parût sur les
marchés de Paris, pendant douze mois de l'année
nous semions du cresson alénois sur couche dès
le commencement de mars, comme primeur;
mais, à présent, il n'y aurait aucun profit à le
faire.

OSEILLE.

Plante de la famille des polygonées et du genre
dont elle porte le nom. Il y a beaucoup d'espèces
de ce genre, toutes vivaces et plus ou moins
acides; celles cultivées ont les feuilles radicales
oblongues et ovales, plus ou moins sagittées à la
base, les tiges succulentes, striées, hautes de
70 centimètres environ, paniculées, munies de
petites fleurs verdâtres, monoïques ou dioïques,
auxquelles succèdent des graines triangulaires,

luisantes. Les feuilles et les très-jeunes tiges sont les seules parties comestibles dans l'oseille.

OSEILLE COMMUNE.

CULTURE. — On sème la graine d'oseille depuis le commencement d'avril jusqu'au mois d'août, par planches larges de 2 mètres 33 centimètres; on laboure et dresse ces planches comme à l'ordinaire, et on trace dans chacune d'elles dix rayons à fond plat avec les pieds, et on répand la graine dans toute la largeur du rayon, en prenant garde de la semer trop dru; ensuite on repasse en glissant les pieds entre chaque rayon de manière à faire tomber la terre de chaque côté dans les rayons semés, et que la graine se trouve couverte; cette opération faite, on donne un coup de râteau pour niveler la superficie, et on couvre le tout d'un lit de terreau épais de 12 millimètres. Nous plantons toujours six ou sept rangs de romaine grise ou blonde entre les rangs d'oseille, et celle-ci profite des arrosements qu'on est obligé de donner à la romaine, qui est venue et vendue avant de nuire à l'oseille.

La première cueille de l'oseille se fait avec un couteau à 2 centimètres au-dessus du sol; mais la seconde cueille et les suivantes se font à la main en enlevant les feuilles, l'une après l'autre, avec leur pétiole tout près de la souche, en ménageant les petites feuilles du cœur qui, une quinzaine de jours après, pourront être cueillies à leur tour.

Quoique l'oseille ait une racine pivotante qui la fait résister assez bien à la sécheresse, il est bon de lui donner de fortes mouillures pendant l'été, surtout après la cueille, qui peut se faire tous les quinze jours, jusque dans l'automne. En vieillissant, l'oseille talle et peut vivre très-longtemps; mais nous ne la conservons ordinairement en place qu'une année.

OSEILLE VIERGE.

CULTURE. — Cette oseille est dioïque, c'est-à-dire qu'elle porte des fleurs mâles sur certains pieds et des fleurs femelles sur d'autres. Depuis longtemps, on ne cultive dans les jardins que des individus mâles, qui, par conséquent, ne produisent pas de graine, d'où est venu le nom d'*oseille vierge*. Ses feuilles sont plus larges, plus arrondies, d'un vert plus blond, plus appétissant, et moins acides que celles de l'oseille commune. Elle est très-propre à former des bordures dans les jardins potagers, parce qu'elle ne répand pas de graines qui salissent les allées; mais, dans nos marais, nous ne plantons rien en bordure, c'est tout en planche : ainsi, quand on a un vieux plant d'oseille vierge, on l'arrache, on divise les souches des racines, on choisit les parties les plus jeunes, les mieux garnies d'yeux, et on les replante en planche, à 16 centimètres de distance les unes des autres. Cette plantation se fait avec plus de succès

en octobre qu'au printemps, et nous ne la renouvelons que tous les quatre ou cinq ans.

OSEILLE.

Culture forcée. — Dès le mois de novembre,
dans la supposition que la terre gèlera bientôt et
qu'on ne pourrait plus le faire plus tard, on arrache une provision de vieilles souches d'oseille, en
ménageant bien les racines, et on la met en jauge
dans un endroit où il soit facile de l'abriter avec
de la litière, si la gelée venait à prendre; on fait
de suite ou plus tard, en raison du besoin ou de
la spéculation, une bonne couche sur laquelle on
place des coffres, et on met dans ces coffres une
épaisseur au moins de 16 centimètres de terreau.
Quand la couche a jeté son grand feu, on prend
des touffes d'oseille mises en jauge, on les divise si
elles sont trop grosses, et on les plante en rigole
ou autrement dans le terreau de la couche de manière que toutes les têtes soient à la même hauteur
et recouvertes de quelques millimètres de terreau;
ensuite on met les châssis. Bientôt les feuilles
poussent, et on peut en faire trois cueillettes à
quelque distance l'une de l'autre, après lesquelles
les plantes sont épuisées.

On peut, pendant tout le cours de l'hiver, réchauffer et faire pousser ainsi non-seulement de
l'oseille, mais encore de vieux pieds de persil, de
cerfeuil, et quelques autres plantes que la rigueur
de la saison tient engourdies.

POTIRON.

Plante de la famille des cucurbitacées et du genre courge. Il y a plusieurs espèces ou variétés de potiron; ce sont toutes plantes annuelles, rampantes, à grandes feuilles et à vrilles; les fleurs sont monoïques, grandes, et il leur succède de très-gros fruits charnus, souvent arrondis, ovales, allongés, cannelés, jaunes, verts ou gris, et qui sont la partie comestible de ces plantes.

GROS POTIRON OU CITROUILLE.

CULTURE. — Dans la première huitaine d'avril, on sème la graine de ce potiron sur un bout de couche tiède; elle ne tarde pas à lever, et, huit jours après, on la repique sur une autre couche en pépinière; si on a des cloches ou des châssis disponibles, on fera bien d'en couvrir le jeune plant, pour faciliter sa reprise, mais cela n'est pas indispensable; il suffit de le garantir de la gelée pendant la nuit. Dans la première huitaine de mai, il est bon à mettre en place; alors on fait, dans le carré qui lui est destiné, des trous larges de 1 mètre carré, profonds de 55 centimètres, dans chacun desquels on met trois hottées de fumier bien tassé que l'on recouvre avec la terre tirée du trou. Il n'y a pas de règle établie pour la distance d'un trou à l'autre; mais il faut prévoir que la tige d'un potiron s'étendra sur la terre jusqu'à la distance de 4 à 5 mètres dans la direction qu'on lui fera prendre, et cela est suffisant pour placer les trous convenablement : ceci bien compris, on forme une espèce de bassin au milieu de chaque trou, on va à la couche pépinière lever, avec les deux mains, un pied de potiron garni d'une bonne motte, et on vient le planter au milieu du bassin en l'enfonçant jusqu'auprès des cotylédons; on l'arrose de suite, et si le soleil luit ou s'il fait du vent, on le garantit de l'un et de l'autre avec un peu de litière sèche, pendant trois ou quatre jours, pour aider à la reprise.

On ne coupe pas la tête au potiron, comme on le fait aux melons et concombres; on le laisse courir sur terre dans la direction qu'on lui a destinée; mais il faut l'arroser souvent et abondamment. A mesure que la tige s'allonge, elle pousse des ramifications ou petites branches sur les côtés : notre usage est de les supprimer pour que toute la séve passe dans la maîtresse tige; nous sommes aussi dans l'usage, quand cette maîtresse tige est longue de 2 ou 3 mètres, de la marcotter, afin de multiplier les racines. Ce marcottage consiste à ouvrir une petite fosse oblongue, profonde de 16 centimètres, dans laquelle on fait descendre la partie de la tige où l'on veut que les racines se développent; on l'y maintient par un petit crochet en bois s'il est nécessaire, on replace la terre sur la portion de tige qui est dans la fossette et on arrose. On pratique un second marcottage 65 centimètres plus loin, même un troisième, à mesure que la tige s'allonge. Quand un fruit est noué et qu'il continue de grossir, on juge qu'il tiendra, et, quand il a atteint la grosseur d'une tête d'enfant, on coupe la tête de la branche à deux ou trois feuilles au-dessus du fruit, et, si les arrosements ne manquent pas, on voit le fruit grossir rapidement.

C'est en cultivant de cette manière et ne laissant venir qu'un fruit sur chaque plante, que nous obtenons des potirons du poids de 100 kilogrammes et plus.

Nous devons dire cependant que tous les jardiniers ne procèdent pas de cette manière : il y en a qui laissent venir deux fruits sur le même pied, en lui conservant deux branches ; d'autres ne pratiquent pas le marcottage ; d'autres enfin ne suppriment aucune branche, et ils obtiennent davantage de fruits, mais moins gros. Les potirons se conservent jusqu'en janvier et février, dans un endroit sec à l'abri de la gelée.

Le gros potiron dont nous venons de parler a la chair pâle ; il ne brode pas ordinairement. Nous cultivons aussi

1° Le *potiron à chair rouge ;* il devient moins gros, brode beaucoup, et est meilleur ;

2° Le *potiron vert* ou d'Espagne, qui est moins gros, très-aplati et d'une excellente qualité : nous le cultivons peu, parce que la plupart des consommateurs n'en connaissent pas les excel-

Avril

lentes qualités ; on peut en laisser venir deux ou trois sur le même pied ;

3° Le *potiron bonnet turc* ou *turban*, beaucoup plus petit, remarquable par sa forme de turban : il est très-ferme et très-estimé ; on en laisse trois ou quatre sur le même pied ;

4° Et enfin le petit *potiron artichaut de Jérusalem :* la plante ne court pas comme les précédentes, et son fruit, encore plus petit que le turban, est diversement godronné et très-estimé ; on en laisse jusqu'à six ou huit sur la même plante.

Nous cultivons peu, dans nos marais, les n°s 3, 4 et 5, non que nous ne les trouvions très-bons, mais parce que leur consommation n'est pas assez abondante : au reste, la culture que nous avons indiquée pour le gros potiron leur convient amplement ; on peut même la simplifier.

SCORSONÈRE.

Plante de la famille des composées, de l'ordre et du genre dont elle porte le nom. Elle est bis ou trisannuelle, originaire d'Espagne ; sa racine est simple, noire en dehors, blanche en dedans, pivotante et fort longue ; les feuilles sont lancéolées, aiguës ; la tige devient haute de 1 mètre, rameuse dans le haut, et chaque ramification se termine par une fleur jaune, composée, à laquelle succèdent de longues graines aigrettées. La partie comestible de cette plante est la racine ; les feuilles peuvent aussi être mangées.

SCORSONÈRE D'ESPAGNE.

CULTURE. — La graine de cette plante se sème à
la fin d'avril ou dans les premiers jours de mai, en
culture maraîchère; mais, ailleurs, on peut retarder le semis jusqu'en août, par la raison que nous
expliquerons tout à l'heure. Quand on est disposé
à semer, on laboure profondément une ou plusieurs planches; après qu'elles sont dressées, on
les sème à la volée et on enterre la graine, en râ-
telant avec une fourche; ensuite on la plombe
avec les pieds, on y passe le râteau et on y étend
12 ou 15 millimètres de terreau. Quand les planches sont ainsi semées, on y trace, avec les pieds,
neuf ou dix rayons, que l'on plante en romaines à
la distance de 40 centimètres dans les rangs. L'arrosage que l'on donne aux romaines contribue à
accélérer la germination et le développement de la
scorsonère. Après que la romaine est enlevée, on
ésherbe la scorsonère, et elle croît assez rapidement, à la faveur de ses longues racines, qui sont
bonnes à arracher et à vendre, par bottes, dans le
courant de l'hiver.

Dans la seconde manière de semer, à la volée ou
en rayons, la scorsonère occupe la terre dix-huit
ou vingt mois; et cette raison explique pourquoi
les maraîchers de Paris ne peuvent plus cultiver
une plante qui occupe la terre si longtemps. Semée
au mois d'août, la scorsonère monte en graine l'été

Avril

suivant : lorsque la graine est recueillie, on coupe les tiges, la plante pousse de nouvelles feuilles, la racine grossit, redevient charnue, succulente, et se livre à la consommation l'hiver suivant. Or, comme on obtient dans les campagnes des environs cette scorsonère à moins de frais que nous ne pourrions l'obtenir dans nos marais, et comme elle se vend en même temps que celle que nous aurions pu semer au printemps, la concurrence a forcé presque tous les maraîchers de l'intérieur de Paris à renoncer à la culture de la scorsonère.

OBSERVATION. — Cette plante, ainsi que le salsifis, que nous ne cultivons pas, nous suggère une question dont nous laissons la solution aux savants : tant que les racines de ces plantes sont jeunes et jusqu'à ce qu'elles montent en graine, elles sont tendres, charnues et se cassent très-facilement ; à mesure qu'elles montent en graine, elles deviennent dures, coriaces, filandreuses et ne se cassent plus. Quand la graine est récoltée, que les tiges sont coupées, les racines poussent de nouvelles feuilles, et ces mêmes racines redeviennent tendres, charnues, cassantes, succulentes comme avant de monter en graine. Or nous demandons aux savants ce que sont devenues ces grosses fibres qui s'étendaient dans toute la racine, qui la rendaient coriace, incassable au temps de la fleuraison et de la fructification.

PANAIS.

Plante de la famille des ombellifères, de l'ordre des peucédanées et du genre dont elle porte le nom. C'est une plante indigène, dont la racine est simple, pivotante, fusiforme, la tige haute de 1 mètre, les feuilles longues, ailées, à folioles larges, lobées ou incisées ; les fleurs sont jaunes, petites, disposées en ombelles, auxquelles succèdent des fruits elliptiques, comprimés. La partie comestible de cette plante est la racine.

Les maraîchers de Paris font fort peu de panais, parce que son usage est très-circonscrit dans la cuisine parisienne ; on ne s'en sert que pour donner du goût au potage.

CULTURE. — On sème le panais à la fin d'avril, comme beaucoup d'autres plantes, quand il n'y a plus de forte gelée à craindre ; mais on peut en semer plus tôt en côtière, en y plantant de la romaine dès la fin de février. Quand on le sème en plein carré en avril, et en planches préalablement labourées et dressées, il faut le semer assez clair, parce que ses racines deviennent grosses et ses feuilles grandes. Après que la graine est enterrée à la fourche et plombée avec les pieds, on peut semer, par-dessus, des radis ou des épinards, plantes qui n'occupent pas longtemps le terrain, ou y planter de la romaine, à huit ou neuf rangs par planche.

Dès que le panais est gros et grand comme une rave, on peut commencer à en porter à la halle et continuer jusqu'en mars, époque où toutes les racines commencent à monter en graine et durcir.

MAI.

POURPIER.

Plante indigène, de la famille et du genre dont elle porte le nom. Il y a plusieurs variétés de pourpier, toutes comestibles ; mais on ne cultive que celle appelée pourpier doré, qui est une plante annuelle, basse, rameuse, étalée sur terre, tendre, charnue, à feuilles figurées en coin ; les fleurs sont insignifiantes, et il leur succède de petits fruits qui s'ouvrent en boîte à savonnette et répandent des graines noires. Les parties comestibles du pourpier sont les feuilles et les jeunes pousses.

POURPIER DORÉ.

Culture. — Cette culture est peu étendue et très-peu lucrative, parce que le pourpier ne sert guère qu'à garnir les salades. Quand il a été une fois introduit dans un terrain, il s'y perpétue seul de semis, et on fait observer qu'il est plus beau lorsqu'il se sème lui-même que lorsqu'il est semé par la main du jardinier ; néanmoins on en sème un peu dans quelques marais depuis les premiers jours de mai jusqu'aux premiers jours d'août. Après avoir labouré un bout de planche, on y sème la graine plus ou moins dru, on l'enterre avec une

fourche, on plombe avec les pieds, on passe le râteau et on couvre de quelques millimètres de terreau; si la saison est sèche, on arrose de suite pour
favoriser la germination et on entretient le jeune
plant à la mouillure, afin de hâter sa croissance. Ce
n'est pas que le pourpier craigne la chaleur et la
sécheresse; mais les arrosements l'entretiennent
tendre, et c'est une qualité. Si l'on a semé dru,
toutes les branches du pourpier sont forcées de
s'élever droit, et, quand elles sont hautes de 16
à 18 centimètres, on les coupe à 2 centimètres au-
dessus de terre et on les vend à la botte : de cette
manière, le plant ne repousse plus ou ne repousse
que si peu, qu'il ne vaut pas la peine d'être conservé; mais, si on a semé clair, les branches s'étalent, deviennent plus fortes : alors on les cueille
l'une après l'autre à la main, et on peut faire deux
ou trois cueilles successives.

POIRÉE.

Plante de la famille des chénopodées et du genre
betterave. C'est une plante bisannuelle, indigène,
dont la racine est pivotante, les feuilles radicales, larges, ovales, pétiolées, la tige grosse, can-
nelée, rameuse, haute de 1 mètre et plus; fleurs
nombreuses, agglomérées, très-petites, insignifiantes, auxquelles succèdent de petites graines
réniformes. Il y a deux variétés de poirée cultivées,

et leurs parties comestibles sont les feuilles radicales, sous les noms de *poirée* et de *carde*.

CULTURE. — Dans les premiers jours de mai, au plus tard, on laboure une ou plusieurs planches de la largeur ordinaire; on trace, sur chaque planche, avec les pieds, neuf larges rayons, dont le fond soit plat; on sème la graine de poirée dans toute la longueur du rayon, mais assez clair pour que le plant ne se trouve pas trop serré; ensuite on repasse les pieds, en glissant, entre chaque rayon, pour faire tomber la terre sur la graine, on passe le râteau, enfin on répand sur la planche 1 centimètre de terreau ou un paillis très-fin. Si la saison est sèche, on mouille aussi souvent qu'il est nécessaire. Quand la poirée a de 20 à 24 centimètres de hauteur, on la coupe, cette première fois, avec un couteau, à 2 ou 3 centimètres de terre et on la vend par petites bottes. Elle repousse de nouveau; mais, cette fois et les suivantes, on ne la coupe plus, on cueille les grandes feuilles l'une après l'autre à la main, et on conserve celles du centre, qui produiront la cueille suivante, et ainsi de suite.

Quand on se propose d'avoir de la poirée pendant l'hiver, au lieu de semer dans des planches larges de 2 mètres 33 centimètres, on sème dans des planches larges seulement de 1 mètre 66 centimètres, et, au mois de novembre, on y place des coffres que l'on couvre de châssis; quand les gelées arrivent, on entoure les coffres d'un bon

accot, on couvre les châssis de paillassons, et, par
ce moyen, on a de la poirée tout l'hiver et jusqu'en
mai, époque où la plante monte en graine : si même
on tenait plus à avoir de la poirée en hiver qu'en
été, il suffirait d'en semer la graine en juillet.

CARDE POIRÉE.

Celle-ci diffère de la précédente en ce que la côte
principale de ses feuilles est large, épaisse, et que
c'est cette partie que l'on mange cuite et assaison-
née comme des cardons.

CULTURE. — Nous ne la semons que dans le courant de juin, parce que c'est en avril et mai de
l'année suivante que nous en attendons le meilleur
produit. Nous semons donc en juin la carde poirée
dans un bout de planche, et, quand le plant a
8 ou 10 centimètres de hauteur, nous l'arrosons,
et, une heure après, nous le levons avec précaution et le contre-plantons dans une ou plusieurs
planches de romaine à moitié venue, ou, mieux encore, dans une planche nouvellement labourée, où
l'on en mettra huit rangs et les pieds à 56 centimètres l'un de l'autre dans les rangs, et l'on arrosera copieusement pendant le temps sec ; quand
arriveront les gelées, on couvrira avec de la grande
litière, on découvrira pendant le temps doux, et,
quand il n'y aura plus de gelée à craindre, on en-
lèvera la litière et on nettoiera les plantes de

pailles et de feuilles endommagées. A la fin d'avril et dans la première quinzaine de mai, la carde poirée a repris sa végétation ; ses feuilles ont pris de l'ampleur, une belle apparence ; c'est alors qu'on arrache les pieds, qu'on les pare, qu'on en met trois ou quatre à la botte et qu'on les envoie à la halle.

CARDON.

Plante de la famille des composées, de la section des carduacées et du genre artichaut. On reconnaît quelques variétés de cardon : ce sont des plantes bisannuelles du midi de la France, dont la racine est simple, pivotante, les feuilles radicales très-longues, blanchâtres, pinnatifides, souvent épineuses ; la tige devient haute de plus de 1 mètre, rameuse, et chaque rameau se termine par une tête de fleurs bleues auxquelles succèdent des graines oblongues assez grosses. Les parties comestibles du cardon sont le pétiole et la côte des feuilles.

CARDONS DE TOURS.

CULTURE. — Autrefois on ne cultivait, dans nos marais, que le cardon d'Espagne, peu épineux et qui a l'inconvénient d'avoir les côtes creuses. Aujourd'hui, et depuis longtemps, nous ne cultivons plus que le cardon de Tours, qui est plus épineux, mais qui a l'avantage d'avoir les côtes pleines, ce qui le rend très-supérieur à l'autre.

Le cardon étant une plante de très-vigoureuse végétation, il faut le semer dans la meilleure et la plus substantielle terre du jardin, et lui donner de fréquents et abondants arrosements. Si on le sème en avril et qu'on néglige de le mouiller, plusieurs pieds montent en graine pendant l'été; c'est pourquoi nous attendons les premiers jours de mai pour le semer, et le semis peut se faire de deux manières, c'est-à-dire en place ou en pépinière. On le sème en place, parce que le cardon, faisant une racine simple, pivotante, sans chevelu, est difficile à la reprise et qu'il peut en périr plusieurs dans la plantation. Ceux qui ne craignent pas cette difficulté le sèment en pépinière et le plantent ensuite à demeure.

Dans une planche labourée, large de 2 mètres 33 centimètres, on trace deux sillons à 1 mètre 33 centimètres l'un de l'autre; on marque sur un rayon, à chaque mètre (3 pieds), la place d'un pied de cardon; si la terre est suffisamment divisée, douce et bonne, on fait aux places indiquées un petit bassin, dans lequel on dépose deux ou trois graines de cardon, que l'on enterre à 3 centimètres de profondeur. Si l'on veut faire encore mieux, on enlève un fer de bêche de terre aux endroits marqués, et on le remplace par une pellée de terreau, dans lequel on place deux ou trois graines, comme précédemment. Quand un rang est semé, on sème le second, un troisième, etc., en ayant soin que tout le semis soit en échiquier. Si la saison est sèche et chaude, on tient ce semis à l'eau et il lève en peu de jours : bientôt on peut juger quel sera le plus beau plant de chaque place semée et on supprime tous les autres.

Ceux qui, par une raison quelconque, ont préféré semer en pépinière, sur un bout de couche ou en pleine terre, attendent que le plant ait des feuilles longues de 12 à 15 centimètres (4 à 5 pouces); on le lève avec précaution, car sa racine est déjà fort longue, et on le plante à la distance déjà indiquée pour le semis en place : en le plantant, il faut ménager sa longue racine, l'insinuer perpendiculairement dans le trou qui lui est préparé, la plomber convenablement, arroser de suite et ombrer le plant jusqu'à ce que sa reprise soit assurée.

Ce n'est guère qu'en août que le cardon commence à prendre un prompt et vigoureux accroissement, et, jusque-là, la terre ne nous semblerait pas suffisamment occupée par des cardons à 1 mètre loin l'un de l'autre : nous répandons donc un bon paillis sur tout le carré et y plantons de la laitue ou de la romaine.

Nous le répétons, ce n'est qu'au moyen de nombreux et copieux arrosements que nous obtenons de beaux cardons dans les marais de Paris ; à mesure qu'ils grosssissent, on augmente la dose, et, si le temps est sec et chaud, on donne un arrosoir d'eau à chaque pied tous les deux jours.

Au mois de septembre, il y a déjà des cardons assez forts pour être blanchis, et on en blanchit successivement jusqu'en novembre. Ainsi donc, quand on veut faire blanchir des cardons de Tours, voici comme nous nous y prenons : ne pouvant guère les toucher à cause de leurs épines, on réunit leurs feuilles au moyen d'une corde, et on les lie par le bas avec un lien de paille, puis avec un autre lien au milieu, puis enfin avec un troisième lien vers le haut; quand le pied est ainsi lié, on l'enveloppe avec de la grande litière de manière à le priver d'air et de lumière, excepté le sommet des plus longues feuilles, et on serre cette litière avec trois liens comme le cardon lui-même.

Les jardiniers maraîchers appellent cette opération *emmaillotter* les cardons; si le temps continue d'être sec, on arrose le pied du cardon, quoique emmaillotté, mais seulement une seule fois.

Il faut au cardon trois semaines de privation d'air et de lumière pour qu'il acquière la blancheur et la tendreté convenables; alors on le coupe par la racine entre deux terres, on le démaillotte, on lui ôte ses feuilles extérieures et ce qui peut se trouver de défectueux, on lui pare le collet, et on le livre à la consommation.

Si, au mois de novembre, on veut conserver des cardons pour l'hiver, on les lie comme il vient d'être dit, mais on ne les emmaillotte pas ; on les arrache avec une partie de leurs racines, et une motte s'il est possible, on les porte dans une cave où l'on a déposé du terreau à cet effet, et on les replante dans ce terreau près à près sans qu'ils se touchent cependant; sept ou huit jours après, on les visite, pour ôter les feuilles extérieures qui pourrissent ordinairement les premières, et en quinze ou dix-huit jours ils blanchissent : en continuant de les visiter souvent pour ôter au fur et à mesure les feuilles qui se gâtent, on peut en conserver pendant deux mois.

CÉLERI.

Plante de la famille des ombellifères, de la section des amninées, et du genre persil. Il y a plusieurs espèces ou variétés de céleri, toutes européennes, bisannuelles : elles ont les racines fibreuses ou tubéreuses, les feuilles radicales, grandes, deux fois ailées, à folioles larges et luisantes; la tige devient haute de 3 à 6 décimètres, rameuse, et porte des ombelles de petites fleurs jaunâtres auxquelles succèdent des fruits ovales.

Les parties comestibles des céleris sont les pétioles, les feuilles, et les racines dans une espèce.

CÉLERI A GROSSE COTE.

CULTURE.—Dans la première huitaine de mai, on

laboure un bout de planche à l'ombre, et on y sème la graine de ce céleri, parce que, si on le semait au soleil, le plant pourrait brûler en levant ; quand la graine est enterrée, on répand dessus une légère couche de terreau ou de paillis très-court, et on arrose ; on continue de donner tous les jours une petite mouillure jusqu'à ce qu'il soit levé, et on l'arrose encore très-souvent pour l'empêcher de durcir, jusqu'à ce qu'il ait de 10 à 14 centimètres de hauteur ; alors il est temps de le planter. Après avoir labouré une ou plusieurs planches et les avoir couvertes d'un paillis, on trace, avec les pieds, dix ou onze rayons sur chaque planche large de 2 mètres 33 centimètres, et on y plante le jeune céleri à 20 centimètres de distance dans les rangs, et on lui donne de suite une bonne mouillure ; pour peu que la saison soit sèche, il faut arroser le céleri abondamment au moins tous les deux jours d'abord pour qu'il ne durcisse pas, ensuite parce qu'il aime naturellement l'eau, enfin parce que nous l'avons planté près pour l'obliger à grandir promptement.

Quand le céleri a de 40 à 46 centimètres de hauteur, il faut penser à le faire blanchir, et nous avons deux manières d'y procéder :

1° Si l'on a de vieilles couches dont le fumier soit consommé, on les vide en jetant le terreau et le fumier sur le bord à droite et à gauche, et il en résulte une espèce de tranchée dans laquelle on replante et on gouverne le céleri, comme

nous allons le dire dans la manière suivante, qui
est la plus usitée.

2° On creuse en plein carré une tranchée large
de 1 mètre 33 centimètres et profonde de 35 à
38 centimètres, aux côtés de laquelle il doit y
avoir un espace vide, large de 1 mètre, pour déposer la terre de la tranchée, et on ameublit par
un labour le fond de cette tranchée. Quand cela
est fait, on lève avec une bêche chaque pied de céleri avec sa motte, et on le plante soigneusement
dans le fond de la tranchée en faisant une fossette
avec la main pour recevoir la motte du céleri, et
en la couvrant de terre que l'on affaisse pour le
fixer bien verticalement : si quelques pieds ont des
pousses latérales ou petits œilletons, on les détache avant de les replanter. Dans une tranchée
large de 1 mètre 33 centimètres, on peut y replanter huit ou neuf pieds de céleri par rang, et espacer
les rangs de 18 à 22 centimètres ; la tranchée ainsi
plantée, on lui donne de suite une mouillure co-
pieuse, et, si le temps est sec, on arrose tous les
jours jusqu'à ce que le céleri soit bien repris.

Douze ou quinze jours après, on doit voir le céleri pousser du cœur ; alors on brise bien la terre
déposée sur l'un ou l'autre bord de la tranchée,
et, s'il y a quelques feuilles altérées au céleri, on
les ôte, et on fait couler l'épaisseur de 16 centimètres de terre entre les rangs et les pieds de céleri, en prenant soin que chaque pied conserve
toujours sa direction verticale. Cette première

opération s'appelle *empiéter :* douze ou quinze
jours après, on voit que le céleri a encore poussé
du cœur; alors on remet encore de la terre meuble entre les rangs et les pieds de céleri, et d'une
épaisseur telle qu'on ne voie plus qu'environ
12 centimètres des plus longues feuilles : cette seconde et dernière opération s'appelle *rechausser.*
Par cette seconde opération, la tranchée se trouve
plus élevée que la terre des côtés, et il faut, à mesure qu'on l'élève, maintenir un talus solide sur les
côtés pour que les pieds de céleri qui se trouvent
sur les bords ne soient pas exposés à être décou-
verts : après cette seconde opération, le céleri se
trouve blanchi en douze ou quinze jours; alors on
l'arrache, on lui pare la racine, on le met en bottes
au nombre de six à sept pieds par botte, on le
lave, et enfin on l'envoie à la halle.

CÉLERI TURC.

Celui-ci se distingue du précédent en ce qu'il
est beaucoup plus court, plus trapu; ses côtes sont
un peu plus grosses et son cœur plus fourni : les
consommateurs le préfèrent aujourd'hui au grand
céleri, et les maraîchers y trouvent leur compte,
parce qu'il est moins coûteux à faire blanchir que
l'autre; sa culture est la même pour tout le reste.

CÉLERI-RAVE.

Celui-ci se sème en même temps et de la même

manière que le précédent, mais on ne le plante qu'une fois et à plus grande distance ; aussi ne devient-il pas si haut. Dans une planche large de 2 mètres 33 centimètres, on en plante sept rangs et on met les pieds à 40 centimètres l'un de l'autre dans les rangs; on l'arrose avec autant de soin que les précédents, jusque dans l'automne, et, quand arrivent les gelées, sa racine doit être grosse comme le poing ou le ventre d'une bouteille; alors on l'arrache, on coupe les feuilles et les radicelles, on porte les tubercules ou racines dans la cave, on les enterre dans le sable s'il est possible, et on les vend à la douzaine pendant tout l'hiver. Le céleri-rave est excellent cuit.

CÉLERI A COUPER.

On distingue celui-ci en ce qu'il est plus petit et que ses côtes sont creuses; sa culture est aussi différente et plus simple : on sème dès la fin de mars et en avril, à la volée, sur une planche bien labourée, et, quand la graine est enterrée et hersée, on la couvre de 2 centimètres de terreau; on mouille pour favoriser la germination, et, quand le plant est levé, on l'entretient à la mouillure, afin qu'il reste toujours tendre; lorsque le plant a atteint la hauteur de 15 à 20 centimètres, on le coupe, on l'arrange par petites bottes et on l'envoie à la halle: il repousse de suite, et, si on a soin de le tenir à

la mouillure, on peut le cueillir tous les quinze ou
dix-huit jours jusqu'aux gelées.

======

JUIN.

RAIPONCE.

Plante de la famille des campanulacées et du
genre campanule. C'est une petite plante indigène,
bisannuelle, à racines simples, pivotantes, à feuilles
radicales, ovales, lancéolées ; la tige est droite,
grêle, haute de 5 centimètres et plus, peu rameuse,
munie de fleurs bleuâtres, campanulées, auxquelles succèdent des fruits secs qui s'ouvrent par
les côtés pour répandre les graines. Les parties
comestibles de cette plante sont la racine et les
feuilles radicales, que l'on mange en salade.

CULTURE. — On sème la raiponce en juin et
juillet, pour avoir de grosses racines en hiver ;
ceux qui tiennent plus aux feuilles qu'aux racines
ne la sèment qu'en septembre. Il n'est pas indispensable de labourer la terre où l'on veut semer
la raiponce, il suffit d'y passer la ratissoire à pousser, pour remuer la terre jusqu'à 2 centimètres de
profondeur ; comme cette graine est très-fine et
très-coulante, il serait difficile de la semer seule
sans s'exposer à en mettre trop par places, et elle
doit être semée très-clair, car ses feuilles s'étalent

en rond sur la terre : on mêle donc la graine avec
de la cendre ou de la terre fine et sèche, et on
sème le tout ensemble sur le terreau préparé ;
après, on herse avec une fourche à trois dents pour
cacher la graine, on plombe un peu la terre pour
qu'elle touche la graine de toute part, ensuite on
répand un léger paillis court sur le tout, et enfin
on arrose au besoin.

La raiponce se consomme de la fin de décembre
en février, même plus tard ; on l'arrache avec sa
racine et sa rosette de feuilles ; on l'épluche, on la
lave, et on la vend par petites mannées.

La culture de la raiponce est très-restreinte dans
nos marais, d'abord parce qu'elle n'est pas lucrative, ensuite parce que les gens de la campagne
vont en arracher où elle croît naturellement et
en fournissent les marchés de la capitale à très-
bas prix.

FRAISIER.

Plante de la famille des rosacées, de l'ordre des
dryadées et du genre dont elle porte le nom. Il y
a quelques espèces et beaucoup de variétés de
fraisier : toutes sont de petites plantes vivaces,
herbacées, les unes originaires d'Europe et les
autres de l'Amérique, hautes de 15 à 25 centimètres, à feuilles trifoliées, à fleurs blanches, auxquelles succèdent des fruits ovales ou arrondis,
succulents, rouges ou blancs, qui portent les grai-

nes à leur superficie. La partie comestible de ces plantes est leur fruit.

OBSERVATIONS. — La fraise étant du goût de tout le monde , la culture du fraisier s'est considérablement étendue aux environs de Paris, et les jardiniers, *intra muros*, où la terre est si chère, ne peuvent plus soutenir la concurrence dans cette culture, qui est devenue une spécialité. Sur les dix-huit cents maraîchers de Paris , on n'en compte pas une demi-douzaine aujourd'hui qui cultivent le fraisier en culture naturelle, et ceux qui le cultivent en culture forcée, qui est la seule où l'on puisse espérer obtenir quelque bénéfice dans Paris , sont encore en plus petit nombre.

Il y a aujourd'hui plusieurs variétés de fraisiers dont les fruits sont plus gros , plus séduisants que ceux du fraisier des Alpes ou quatre saisons ; mais aucun d'eux ne fructifie aussi longtemps, et leurs fruits sont loin d'avoir la saveur de la fraise des Alpes : aussi son débit est-il plus certain, et c'est la seule que les maraîchers, toujours en très-petit nombre, puissent cultiver en culture forcée seulement, avec l'espérance de quelque bénéfice.

FRAISE DES ALPES OU QUATRE SAISONS.

CULTURE FORCÉE. — Pour cultiver la fraise des Alpes de cette manière, il faut la renouveler tous les ans, ou par semis, ou par coulants : le renouvellement par semis étant le plus avantageux, nous ne nous occupons pas de l'autre. A la fin de juin, on choisit un certain nombre des plus belles fraises des Alpes en état de parfaite maturité, on les écrase dans de l'eau, et les graines s'en extraient aisément ; quand elles sont ressuyées, on laboure un petit coin de terre, non pas à l'ombre, mais que l'on puisse ombrer avec un paillasson ou deux; et, quand le dessus de la terre est très-divisé et nivelé au râteau, on y sème la graine, sur laquelle on répand seulement 2 millimètres de terre très-fine ou du terreau, et on donne un léger bassinage; on répète ce bassinage deux ou trois fois par jour, si on n'ombre pas avec des paillassons, car il ne faut pas que le dessus de la terre sèche tant que les graines ne sont pas levées, si on veut qu'elles lèvent toutes promptement; en moins de 15 jours, tout sera levé; six semaines après, c'est-à-dire deux mois après le semis, le plant sera bon à être repiqué en pépinière, où il fleurira et produira des coulants, mais on supprimera les uns et les autres à mesure qu'ils se montreront. A la fin de novembre, on labourera autant de planches que l'on voudra, on y plantera les fraisiers à 28 centimètres de distance, et, sitôt que les gelées commenceront, on couvrira les planches de coffres et de châssis, afin que les fraisiers continuent de végéter un peu.

C'est ordinairement en février que l'on commence à forcer le fraisier; alors on enlève toute la terre des sentiers jusqu'à 54 centimètres de profondeur, et on les remplit jusqu'au sommet des coffres de bon fumier neuf de cheval; on se préserve de la gelée par tous les moyens connus, on donne de l'air à propos, on remanie et on rechange les réchauds quand on s'aperçoit qu'ils ne fournissent plus assez de chaleur aux fraisiers, qu'il faut tenir propres et auxquels il faut ôter une

19

partie des vieilles feuilles pour que la lumière pénètre partout, surtout lorsque les fruits commencent à paraître; enfin, les premiers jours d'avril au plus tard, la récolte des fraises pourra commencer et durer jusqu'à ce que les fraisiers de pleine terre donnent.

Il y a encore d'autres manières de forcer le fraisier, en pot, en serre : les uns préfèrent les coulants aux pieds venus de graine, les plantent dans une autre saison, etc.; mais la culture que nous venons d'indiquer est la plus simple et la seule praticable par les maraîchers.

NAVET TENDRE DES VERTUS.

Nous citons seulement cette variété, qui est oblongue, blanche, des plus hâtives, et qui pourrait se semer à la fin de juin par les maraîchers, si les maraîchers cultivaient encore le navet ; mais il y a bien longtemps qu'ils ont dû renoncer à cette culture, parce que le navet n'est pas une plante que l'on puisse forcer, parce qu'il monte en graine et ne grossit plus, si on le sème avant le mois de juin. Tous les cultivateurs *extra-muros* sèment des navets et peuvent les vendre à bien meilleur marché que ne pourraient le faire les maraîchers *intra-muros*, où le terrain est beaucoup plus cher.

JUILLET.

CHAMPIGNON.

Plante de la famille des cryptogames et du genre agaric ; elle croît naturellement en France, sur les gazons des prés secs, des bois, et au pied des tas de fumier de cheval : c'est un champignon blanc ou grisâtre, charnu, d'abord globuleux, composé d'un pied et d'un chapeau dont les lames, d'abord rosées, deviennent brunes, même noirâtres, à mesure que le chapeau s'ouvre, s'étend jusqu'à acquérir un diamètre de 10 centimètres ; mais alors il n'est plus vendable, quoique toujours bon : c'est quand le champignon est de la grosseur d'un œuf de pigeon à un œuf de poule qu'il a le plus de prix et que les consommateurs l'estiment davantage.

Autrefois les maraîchers de Paris cultivaient beaucoup ce champignon avec bénéfice ; mais, depuis que des *champignonnistes* le cultivent avec bien moins de frais dans les carrières de Paris et des environs, les maraîchers en font beaucoup moins ; ils auraient été même obligés d'y renoncer tout à fait, si les champignons qu'ils font venir n'étaient pas plus blancs, plus beaux, et n'avaient pas une meilleure apparence et plus de prix que ceux venus dans les carrières.

Quoique nous soyons loin de vouloir faire les
érudits, nous noterons cependant ici, en faveur
de nos confrères, que les savants regardent le
blanc de ce champignon comme les tiges et les
rameaux de la plante, et le champignon proprement dit comme son fruit.

Quoiqu'on puisse faire des champignons en
toute saison, nous préférons cependant les faire
en automne; pour cela il faut préparer le fumier
dès le mois de juillet, de la manière qui va être indiquée.

Il faut d'abord décider combien on fera de
meules pour juger de la quantité de fumier à préparer; on ne fait ordinairement pas moins de deux
ni plus de douze meules à la fois, dont nous ne pouvons ici déterminer la longueur, quoique les plus
commodes aient environ 10 à 12 mètres de long.

Préparation du fumier. — On prend du fumier
de cheval que l'on a accumulé en tas pendant un
mois ou six semaines, et on l'apporte dans les marais sur une place vide, unie et ferme; là on passe
tout ce fumier à la fourche; on en retire la grande
litière qui n'a pas été imprégnée d'urine, le foin,
les morceaux de bois qui peuvent s'y trouver, car
le blanc ne prend pas sur ces corps; en frappant
avec le dos de la fourche sur le fumier, on le dépose devant soi en *plancher* épais de 66 centimètres au moins, en l'appuyant avec le dos de la fourche. Quand le plancher, qui est presque toujours un
carré long, est fait, on le trépigne bien, on l'arrose

abondamment et on le trépigne une seconde fois,
puis on le laisse en cet état pendant huit ou dix jours;
alors le fumier fermente, s'échauffe, sue, et sa
surface se couvre d'une sorte de moisissure blanche. Après ces huit ou dix jours, le plancher doit
être remanié de fond en comble sur le même terrain et reconstruit comme précédemment, avec la
précaution nécessaire de placer le fumier des bords
du plancher dans son intérieur, et on laisse encore
le plancher dans cet état pendant huit ou dix
jours ; au bout de ce temps, le fumier doit avoir
acquis toute la qualité propre à faire les meules :
en les visitant on doit le trouver souple, moel-
leux, onctueux ou gras, sans odeur de fumier, et
d'un blanc bleuâtre à l'intérieur, ni trop humide ni
trop sec; si le fumier n'était pas dans toutes ces
conditions, il y aurait à craindre que les meules
qui en seront formées ne fussent pas très-fertiles.

Manière de monter, larder et gopter les meules.
— Les meules doivent avoir 66 centimètres de largeur à la base, 66 centimètres d'élévation, et être
formées en dos d'âne, placées parallèlement à 48 ou
50 centimètres l'une de l'autre. On apporte le fumier préparé sur la place; un homme habitué à
ce travail ou, mieux, le maître maraîcher lui-même
prend de ce fumier par petites fourchées, les pose
devant lui en les étendant et les appuyant bien les
unes sur les autres, et forme un dos d'âne de
la largeur et de la hauteur indiquées ci-dessus;
l'homme travaille toujours en reculant, et, quand

il arrive au bout, la meule est terminée : alors on la peigne, on la bat sur les côtés et sur le haut avec le dos d'une pelle pour la rendre bien unie. Dans cet état le fumier se réchauffe, mais il ne peut plus reprendre une très-grande chaleur; après quelques jours, on sonde la meule avec la main, et, si la chaleur est convenablement douce, on la *larde*. Cette opération consiste à faire de petites ouvertures dans le fumier, de la largeur de la main, à 5 centimètres de terre et sur une seule ligne autour de la meule, à 33 centimètres l'une de l'autre (1). A mesure qu'on fait ces ouvertures, on introduit dans chacune d'elles une petite galette de blanc de champignon (une *mise*, en terme de maraîcher), large de trois doigts et longue de 8 ou 10 centimètres, et l'on rabat le fumier par-dessus de manière qu'elle soit bien enfermée. Cette opération faite, on couvre la meule de litière sèche de l'épaisseur de 10 à 12 centimètres : cette couverture s'appelle *chemise*. Dix ou douze jours après, on visite les meules pour voir si le blanc a bien pris; pour cela on soulève le bas de la chemise, on regarde aux endroits où l'on a placé du blanc. Quand on aperçoit des filaments blancs qui s'étendent dans le fumier de la meule, on reconnaît que le blanc *a pris* et qu'il est bon : s'il y a des galettes ou mises dont le blanc ne

---

(1) Il y a quelques maraîchers qui mettent un second rang de blanc à 18 centimètres au-dessus du premier.

s'étende pas dans la meule, c'est qu'il n'était pas bon;
on les retire alors et on en met d'autres à la place;
enfin, quand tout le blanc est bien pris, que ses filaments s'étendent dans la meule, c'est le moment de
la *gopter*. Cette opération consiste à revêtir toute la
meule de l'épaisseur de 3 centimètres de terre très-
fine et très-douce : d'abord on enlève la chemise
de dessus la meule, on laboure les sentiers jusqu'à
la profondeur d'environ 10 centimètres, on y mêle
du terreau et on rend le tout aussi fin que possible;
on bassine légèrement toute la surface de la meule,
et, tant qu'elle est humide, on prend une pelle; avec
cette pelle on ramasse de la terre préparée dans le
sentier, et on la lance contre la meule, où on la retient
en appliquant très-vivement le dos de la pelle contre
cette terre pour l'empêcher de tomber, ce qui
exige de l'adresse et de la vivacité; à mesure que
l'on gopte, on solidifie la terre sur la meule en la
frappant légèrement avec le dos de la pelle, et ensuite on remet la chemise. Quand les meules ont
passé encore quinze ou vingt jours dans cet état,
on les visite pour voir si le blanc se fait jour au
travers de la terre dans le bas des meules, et, si le
grain du champignon se forme, si tout va bien,
peu de jours après il y aura des champignons à
cueillir : chaque fois qu'on en détachera, on mettra un peu de terreau dans le trou qu'aura laissé
le champignon, et on remet de suite dessus la partie de la chemise qu'on avait relevée. Quand les
meules donnent bien, on peut cueillir les champi-

gnons tous les deux jours, et des meules bien gour-
vernées donnent ordinairement des champignons
pendant deux ou trois mois; on a même vu des
meules qui, après avoir donné une bonne récolte
et s'être reposées deux mois, recommençaient et
donnaient une seconde récolte.

Nous venons de décrire la culture du champignon d'automne telle qu'elle se pratique dans les
années qui ne sont ni sèches ni pluvieuses; mais,
dans les années sèches, il est quelquefois besoin
d'arroser la chemise pour entretenir une légère
humidité dans la terre de la meule; dans les années pluvieuses, au contraire, il faut quelquefois
enlever la chemise trop mouillée pour en substi-
tuer une sèche.

CULTURE DU CHAMPIGNON DANS UNE CAVE.

Culture. — On prépare le fumier en planche à
l'air libre dans le marais, comme nous venons de
le dire, et, quand il est arrivé au point convenable,
on le descend dans la cave : là on l'arrange le long
des murs, de manière à former une moitié de
meule ou une meule à une seule pente; on peut
aussi en établir sur des tablettes au-dessus des
premières. Au milieu et sur le sol de la cave les
meules se construisent à deux pentes, comme celles
qui se font à l'air libre : on les larde, on les gopte
comme les autres, mais on ne les couvre pas d'une
chemise, l'obscurité en tient lieu : on ferme soigneu-

sement les soupiraux et les portes, et les meules, étant à l'abri des influences atmosphériques, produisent des champignons plus longtemps que celles construites en plein air.

Dans les carrières de Paris et de ses environs, les champignons s'y cultivent de cette dernière manière, mais en beaucoup plus grande quantité, et on y fait une consommation prodigieuse de fumier; mais les champignons des maraîchers sont toujours préférés à la halle.

La culture du champignon à l'air libre est rarement atteinte de la maladie que nous appelons *môle*, mais elle se montre fréquemment dans les meules construites dans les caves, s'empare quelquefois de tous les champignons et force le champignonniste à aller établir sa culture dans une autre cave. Un champignon atteint de cette maladie a son chapeau verruqueux, ses feuillets s'épaississent, se soudent les uns aux autres, changent de couleur, ne présentent plus qu'une masse informe qui a perdu la bonne odeur du champignon sain, en a contracté une autre désagréable et n'est plus vendable.

Manière de faire du blanc à champignon. — Beaucoup de maraîchers tirent leur blanc de vieilles meules qui ont cessé de donner et le conservent en plaque, dans un grenier ou un endroit sec; on en a conservé ainsi pendant une douzaine d'années, et, au bout de ce temps, il s'est trouvé encore bon pour larder des meules. Plusieurs d'entre

nous ont pensé que du blanc tiré de vieilles meules, qui avait déjà produit des champignons on
ne sait combien de fois, devait avoir perdu de sa
fertilité, et ils ont cherché le moyen d'en obtenir
qui n'ait pas encore produit de champignons et
qui, par conséquent, ne pourrait pas être censé
épuisé. Ce n'est pas que l'on puisse faire du blanc
de toute pièce, mais on en met si peu de vieux
dans l'opération, que tout le blanc qui en résulte
est censé nouveau. Voici l'opération :

Il faut d'abord préparer un peu de fumier,
comme pour faire des meules ; ensuite on ouvre
une petite tranchée au pied d'un mur, à l'exposition du nord, large et profonde au moins de
66 centimètres, et on jette la terre sur le bord
de la tranchée. On a un peu de vieux blanc,
on le divise par petites plaques, que l'on place,
sur deux rangs, dans le fond de la tranchée, en
espaçant les plaques à 33 centimètres l'une de l'autre ; après quoi, on apporte le fumier préparé d'a-
vance, on l'arrange convenablement dans la tranchée, avec une fourche, en le tassant bien. Quand
on en a mis partout, l'épaisseur de 25 à 30 centimètres, on le trépigne bien, et on remet la terre
par-dessus, que l'on trépigne encore. Après vingt
ou vingt-cinq jours, le blanc que l'on avait déposé
dans le fond de la tranchée a végété et s'est étendu
dans tout le fumier, qui est devenu lui-même une
masse de blanc ; alors on retire la terre qui le
couvre, puis avec une bêche on coupe le fumier

par morceaux carrés de 33 centimètres de côté et
de 20 à 24 centimètres d'épaisseur : on refend ces
morceaux en deux pour faciliter leur dessiccation,
et on les porte dans un grenier, où on en prend
pendant quatre ou cinq ans, pour larder les
meules.

L'époque la plus favorable pour faire ce blanc
est le mois de juillet.

CHAPITRE XI.

*Altérations causées aux légumes par les insectes et par les
maladies.*

Parler des insectes et des maladies des légumes
en termes scientifiques est une chose impossible
pour aucun maraîcher, et de longtemps la langue
des entomologistes et des nosologistes ne sera familière dans nos marais. Nous avons cependant
senti la nécessité de parler des insectes et des maladies dans un ouvrage de la nature de celui-ci,
quoique nous ne puissions les désigner que par
des noms triviaux, compris, il est vrai, par tous
les maraîchers de Paris, mais fort peu intelligibles
pour des hommes habitués à la langue scientifique.

Afin d'abréger ce chapitre, qui n'offre aucun at-
trait, nous nommons successivement tous les lé-

gumes, comme titres d'articles, et, au-dessous, nous récapitulons, en deux colonnes en regard, les insectes et les maladies auxquels ces légumes sont sujets : quant aux moyens de les en préserver, nous en indiquons fort peu, car on n'est pas plus habile en cette partie dans la culture maraîchère que dans la grande culture.

ASPERGE.

Insectes.

Quand les tiges de l'asperge montent en graine, elles sont souvent attaquées par le *criocère*, insecte rouge qui mange l'écorce des tiges et qui est quelquefois si nombreux, qu'elles en sont toutes couvertes. Le ver blanc et la courtilière tourmentent aussi les griffes en terre.

Maladies.

Dans les terrains gras et humides, les griffes d'asperge sont sujettes à fondre ou à pourrir.

AUBERGINE.

L'aubergine est sujette aux pucerons, aux kermès; on détruit les uns et les autres en brossant la plante avec de l'eau.

Cette plante n'a pas de maladie particulière.

CARDON.

Le plus grand ennemi des cardons est une mou-

Insectes.   *Maladies.*

che noire qui s'attache à ses feuilles en immense quantité. Nous ne savons si cette mouche pompe les sucs ou si elle intercepte la transpiration ; mais nous savons bien qu'elle ralentit et arrête la végétation et que la plante dépérit. Tant que le cardon est jeune et petit, la courtilière lui coupe aussi quelquefois la racine et le tue.

CAROTTE.

Un ennemi très-redoutable dans les terrains secs, pour le semis de carotte, est une petite araignée qui coupe les jeunes plants à mesure qu'ils lèvent : on la détruit en arrosant fréquemment le jeune plant.

Nous ne connaissons pas de maladie à la carotte, excepté la fonte, qui peut l'atteindre un peu dans les terrains qui ne lui conviennent pas.

CÉLERI.

Les feuilles et les côtes du céleri sont assez sujettes à être attaquées de la rouille dans ses différentes phases de culture.

CERFEUIL.

On ne connaît pas d'insecte au cerfeuil.

Le cerfeuil n'est pas sujet aux maladies ; seulement,

Insectes.

Maladies.

dans l'été, la jaunisse peut le prendre s'il fait très-chaud, et, dans les terrains qui ne lui conviennent pas, la fonte peut le détruire en partie.

CHICORÉE FRISÉE.

Outre les insectes qui nuisent aux romaines et aux laitues, la chicorée frisée a encore pour ennemi le ver gris, appelé aussi chenille de terre, grosse chenille grise : elle coupe la chicorée rez terre.

La chicorée frisée est exposée aux mêmes maladies que les romaines et les laitues.

CHICORÉE SAUVAGE.

Nous ne connaissons d'autre ennemi à la chicorée sauvage, semée sur couche et sous châssis, que la courtilière, qui, en faisant ses galeries en tout sens, reverse les graines en germination et les fait périr.

La petite chicorée sauvage n'est sujette, étant cultivée sur couche et sous châssis, qu'à une seule maladie, c'est la fonte. Son nom indique son effet ; le plant qui en est attaqué fond par place, et le mal gagne par contagion. Nous attribuons cette maladie à trois causes :

1° A un vice dans le terreau ;

2° A trop d'humidité ;

3° Au manque de soleil. On ne peut ni semer, ni

Insectes.

Maladies.

planter dans l'endroit où la fonte vient de faire son ravage : tout y périt.

CHOU-FLEUR.

Les choux-fleurs, ainsi que les autres choux, ont de nombreux ennemis ; quand on les sème au printemps, ils sont exposés à être dévorés par l'altise, que nous appelons alirette et pou de terre, dès que les cotylédons sortent de terre. On arrête le dégât en arrosant trois ou quatre fois par jour ou en ombrant le semis. Quand les choux-fleurs sont quittes de ce danger, arrivent les chenilles de plusieurs espèces, les chenilles jaunes engendrées par des papillons blancs ; les grosses chenilles grises et vertes, engendrées par des papillons de différentes couleurs. La chenille du papillon blanc ne mange que les feuilles, mais elle dévore vite ; il faut la surveiller et la détruire souvent, ainsi que les pontes d'œufs que les papillons déposent sur les feuilles. Les grosses chenilles vertes

Les maladies du chou-fleur et des autres choux ne sont pas nombreuses. Quand le plant est aussi très-jeune, il est sujet au meunier, et, quand le chou-fleur est près de donner sa pomme, il peut encore en être attaqué. Le chancre, le pourri peuvent aussi se manifester dans le tronc, dans les côtes, dans la moelle du chou et le conduire à la mort.

Insectes.   *Maladies.*

ou grises attaquent la pomme même du chou-fleur dès qu'elle commence à paraître, et la dévoreraient si on ne visitait pas les choux-fleurs tous les quatre ou cinq jours pour tuer tous ces insectes. Plus tard, quand les choux - fleurs montent en graine, ce sont les pucerons verts qui assiégent les rameaux par millions, et qui, quelquefois, rendent la récolte des graines nulle.

Si à présent nous passons au collet, aux racines du chou-fleur, nous trouvons d'abord le ver gris, qui cause des exostoses au pied du chou, se loge dans son intérieur, le creuse et le fait souffrir; le taon à tête rouge, le guillot ou petit ver blanc, qui en mangent les racines et le trognon.

CHOU-POMME.

Les choux - pommes et les choux verts ont pour ennemis les mêmes insectes que les choux-fleurs.

Ce qui vient d'être dit pour le chou - fleur peut s'appliquer à tous les autres choux.

CONCOMBRE.

Les mêmes qu'aux melons.

Les mêmes qu'aux melons.

CRESSON ALÉNOIS.

Insectes.

Maladies.

Cette plante est sujette à la fonte, surtout si elle est semée épais. Nous rappelons ici qu'il arrive souvent que les plantes fondent parce qu'elles sont semées trop dru.

ÉPINARD.

Le puceron vert attaque l'épinard, mais assez rarement. La grosse chenille verte le mange aussi quelquefois; son plus grand ennemi est la courtilière, quand elle se met à faire ses galeries dans une planche d'épinard qui commence à lever ; elle culbute et évente les racines du jeune plant et en fait périr une grande partie.

L'épinard n'aimant pas la grande chaleur, celui que l'on sème en été est sujet à la jaunisse ; on arrête ou diminue cette maladie en arrosant beaucoup. Dans les automnes très-humides, l'épinard peut attraper le meunier ; dans les terrains gras et humides, il est sujet à la fonte.

ESTRAGON.

Nous ne connaissons à l'estragon qu'une sorte de maladie, qui est une espèce de chancre sous l'apparence d'une tache jaunâtre au

20

Insectes.	*Maladies.*
	pied de la plante et qui fait mourir les tiges : cette maladie se montre dans les printemps inclémens.

HARICOT.

En culture forcée et en culture naturelle , le haricot est sujet fréquemment à la grise. Les loches , les limaces mangent ses feuilles dans les temps humides.	On ne connaît guère d'autre maladie au haricot cultivé sous châssis que la rouille occasionnée par la grise.

LAITUE.

Les insectes qui nuisent aux romaines , les uns par les feuilles , les autres par les racines, sont les mêmes qui nuisent aux laitues et de la même manière.	Les laitues sont sujettes aux mêmes maladies que les romaines ; la rouille surtout leur est très-préju-diciable , elle se manifeste par des taches couleur café d'abord, ensuite noirâtre : cette maladie entraîne la perte de la plante.

MACHE.

La mâche n'a guère d'autre ennemi que la courtilière, qui fait ses nombreuses galeries dans un semis qui lève ; dans toutes ses courses souterraines , elle	La fonte et quelquefois le meunier sont les maladies de la mâche , quand elle est semée dans un terrain humide , ou que la saison est très-pluvieuse ;

Insectes.

Maladies.

soulève et coupe les jeunes plants, surtout après des arrosements ; c'est la nuit particulièrement qu'elle fait des dégâts.

on la voit aussi atteinte de la rouille, mais très-rarement.

MELON.

Le plus grand ennemi des melons, en fait d'insectes, est la grise, petite araignée à peine perceptible à l'œil, qui s'établit à la page inférieure des feuilles, y forme une petite toile, pique l'épiderme, suce le parenchyme, altère ou détruit les fonctions des feuilles et nuit tellement à la végétation, que les melons qui en sont attaqués languissent, et que leurs fruits ne sont jamais parfaits, si, toutefois, ils peuvent arriver à maturité.

Nous nous opposons à la multiplication de la grise en détachant les feuilles qui en sont attaquées ; mais l'animal est si petit, qu'on ne le reconnaît que par ses dégâts, de sorte qu'il est difficile de s'en purger entièrement, et sa multiplication est si rapide, qu'en cinq ou six jours un carré

Nous appelons chancre ou ulcère une maladie trop fréquente qui se déclare le plus souvent dans l'enfourchement des bras du melon, quelquefois sur les branches, quelquefois sur le fruit même. Quand ce chancre se déclare sur une branche ou sur un fruit, on supprime ou la branche ou le fruit avec le mal, et tout est dit ; mais, quand il a son siége au pied de la plante, comme cela a lieu le plus souvent, alors il est très-dangereux. Il se manifeste d'abord par une petite tache livide à la surface de l'écorce ; cette tache est un commencement de pourriture qui s'étend rapidement, gagne et pourrit toute l'écorce autour du pied. Si on pouvait apercevoir cette maladie quand elle commence, quand elle n'a encore que 2 ou 3 mil-

Insectes.

de melons, sous châssis surtout, en est empoisonné.
Cet insecte n'aime pas l'eau,
et des arrosages le détrui-
raient ; mais comment l'atteindre avec l'eau, puisqu'il
est toujours sous les feuilles ? On a conseillé de le
détruire par des fumigations
de tabac ; mais ce moyen,
déjà employé avec succès,
n'est pas encore admis dans
la culture maraîchère.

Les melons ont encore à
craindre la grosse alirette,
qui pique le dessous des
feuilles ; mais cet insecte
est beaucoup moins dange-
reux ; les arrosements le
détruisent ou l'éloignent.

Maladies.

limètres de diamètre, on
pourrait, sans doute, la
guérir, en grattant ce qui
est pourri et en cautérisant
la plaie avec des cendres ou
du plâtre en poudre ; mais,
lorsqu'on l'aperçoit, il est
presque toujours trop tard;
la cautérisation n'est plus
qu'un palliatif, qui prolonge plus ou moins la vie de
la plante, sans pouvoir rendre au fruit la qualité que
la maladie lui a fait perdre.

OIGNON.

Nous ne connaissons
d'autre ennemi à l'oignon
que le guillot ou petit ver
blanc, le même qui mange
la racine des choux : il s'introduit dans le plateau de
l'oignon et l'empêche de
croître.

Dans les terrains gras et
frais, dans les années humides, l'oignon est sujet à
la fonte, que nous appelons
aussi *nuile*. Cette maladie
se manifeste par une tache
jaunâtre à l'endroit où l'oignon se forme; elle grandit,
les feuilles jaunissent et
toute la plante tombe en
pourriture.

OSEILLE.

Insectes.

L'oseille a pour ennemis deux insectes qui font beaucoup de tort : l'un est la grosse alirette, qui mange les feuilles jusqu'à la côte et qui se laisse tomber à terre dès qu'on en approche ; l'autre est une chenille qui dévore également les feuilles, et qui ne disparaît que par le temps froid.

Maladies.

La rouille se manifeste par des taches roussâtres sur les feuilles de l'oseille ; elles s'élargissent peu à peu, se multiplient et finissen par perdre la feuille.

PERSIL.

Le persil n'a pas d'insecte.

Le persil n'est sujet qu'aux maladies du cerfeuil ; mais les fortes gelées le font périr du collet.

PIMPRENELLE.

Pas d'insecte.

La fonte attaque quelquefois cette garniture de salade dans certain terrain.

POIREAU.

Le poireau a le même ennemi que l'oignon , plus la courtilière, qui le coupe entre deux terres, lorsqu'il

Le poireau est sujet à la même maladie que l'oignon , s'il se trouve dans les mêmes circonstances.

Insectes.

Maladies.

est nouvellement planté,
jusqu'à ce qu'il soit à moitié venu.

POIRÉE.

Les ennemis de la poirée
et de la carde-poirée sont
les chenilles, qui mangent
les feuilles, et le petit taon
à tête rouge, qui en coupe
le pied dans la terre.

Le temps contraire aux
saisons engendre la rouille
sur les feuilles des poirées,
et toute la plante est sujette
à la fonte dans les temps
humides.

POURPIER.

Pas d'insecte.

Le pourpier, semé en terre
lourde, glaiseuse, est sujet
à la fonte, ce qui lui arrive
aussi ailleurs quand il est
semé trop dru.

POTIRON.

Les potirons, giraumonts,
turbans, etc., pourraient
être exposés aux mêmes
maladies que les melons;
mais leur vigoureuse végétation les met à l'abri de
leurs attaques ou les rend
incapables de leur nuire.

RAVES, RADIS.

Les jeunes semis de ra-
ves et radis au printemps,

Les maladies des raves
et radis sont la fonte quand

Insectes.

ainsi que ceux des autres crucifères, sont horriblement tourmentés par les altises ou alirettes, qui les dévorent : les courtilières les détruisent aussi par les racines.

Maladies.

on les sème sur couche, et le meunier quand on les sème sur terre.

ROMAINE.

Puceron vert. — Quand ce puceron s'introduit dans le cœur de la romaine, elle est perdue ; car il se multiplie si rapidement, qu'il n'y a pas moyen de l'en débarrasser sans la sacrifier.

Puceron noir. — Celui-ci est aussi nuisible que le précédent, mais les grands orages le détruisent.

Puceron blanc. — Il s'attache à la racine de la plante et la fait languir : on parvient quelquefois à le détruire à force d'arrosements.

Taon à tête rouge. — Larve du petit hanneton, qui mange et coupe la racine de la romaine et la fait périr. Quand on voit une romaine qui se fane, on fouille au pied, on trouve le taon et on le tue : on appelle aussi ce taon ver à tête rouge.

Le meunier. — Il se manifeste par des taches blanches sur le dessous des feuilles ; ces taches se multiplient très-rapidement et font languir la plante : les temps humides, les grands brouillards occasionnent cette maladie.

Le collet rouge. — Celle-ci est une conséquence de la précédente, quand elle se déclare sur les romaines qui, après avoir poussé vigoureusement, sont arrêtées par un froid subit.

La fonte. — Elle se manifeste par une tache noire au collet de la plante ; elle est mortelle et il n'y a aucun remède.

La rouille. — Son nom indique sa couleur ; elle s'attache aux feuilles, particulièrement en dessous, et les rend crochues, em-

Insectes.

Courtilière. — Tout le monde connaît cet insecte malfaisant qui coupe entre deux terres les racines et les plantes qu'il rencontre en faisant ses galeries ; on connaît plusieurs moyens de le détruire , soit en lui donnant un tas de fumier pour repaire et où on l'é-crase , soit en remplissant d'eau son trou et en versant quelques gouttes d'huile sur l'eau ; quand l'huile touche la courtilière , elle sort du trou et meurt de suite.

Maladies.

pêche la séve de circuler ; elle n'est pas incurable , quelquefois le beau temps la fait disparaître quand le mauvais temps l'a produite.

La moucheture. — C'est une maladie qui s'observe particulièrement sur la romaine ; elle se manifeste par des taches grises ou roussâtres sur les feuilles intérieures; ces taches tournent bientôt en pourriture et perdent la plante. La moucheture se manifeste dans des romaines que l'on arrose plusieurs fois quand elles sont parvenues aux trois quarts de leur grosseur , et que le soleil luit ardemment pendant l'arrosage.

SCAROLE.

La scarole a pour ennemis les mêmes insectes que ceux mentionnés à la laitue.

Cette plante , ayant la même texture et les mêmes sucs que la chicorée frisée , est sujette aux mêmes maladies.

TOMATE.

La tomate n'a pas d'insecte.

Quelquefois , mais rarement , le chancre se mani-

Insectes.	*Maladies.*
	feste au pied de la tomate dans les temps très-humides.

Après avoir dit ce que nous savons des insectes et des maladies qui altèrent ou détruisent les légumes, nous croyons devoir terminer ce chapitre par l'exposé de l'opinion, qui se transmet par tradition dans la classe des maraîchers de Paris, concernant trois phénomènes atmosphériques. Des personnes sensées nous conseillaient de n'en pas parler dans cet ouvrage, parce qu'elles pensaient qu'il y a dans l'opinion en question des erreurs ou des préjugés : malgré notre déférence pour leurs avis, nous n'avons pu nous y rendre ; car, puisque nous écrivons l'histoire de la culture maraîchère de Paris en 1844, que nous exposons ses perfectionnements, l'intégrité veut que nous fassions connaître aussi les croyances susceptibles d'être considérées comme des erreurs ou des préjugés ; par la suite, on pourra les détruire ou en expliquer la raison si elles ont quelque fondement : voici ces trois phénomènes.

Arc-en-ciel. — La tradition entretient l'idée, chez plusieurs maraîchers, que, quand il paraît un arc-en-ciel, son influence peut tuer les champignons qui sont à l'état de graine dans les meules faites sur terre, quoique recouvertes de leur chemise. Nous ne croyons pas tous à cet effet de l'arc-en-ciel : plusieurs d'entre nous sont disposés à attribuer la perte du grain de champignon, dans cette circonstance, à un abaissement subit de température; mais nous ne l'avons pas vérifié, et laissons la question à l'état où nous l'avons trouvée.

Tonnerre. — La perte du grain de champignon par l'effet du tonnerre, et même des champignons déjà gros comme des noisettes, est bien plus avérée que celle occasionnée par l'arc-en-ciel; il n'y a aucun de nous qui n'en ait éprouvé la fâcheuse expérience dans ses meules sur terre. Ceux qui font leurs meules dans des caves, dans les carrières de Paris ou des environs, ne s'en sont jamais plaints; son influence ne s'étend sans doute pas jusque-là. Quoi qu'il en soit, il est de fait qu'un tonnerre violent tue le grain de champignon des meules sur terre revêtues de leurs chemises. Est-ce le bruit, est-ce l'électricité, est-ce un refroidissement subit de l'atmosphère, sont-ce les éclairs qui produisent ce fâcheux effet? Aucun maraîcher ne peut répondre à ces questions; mais tous peuvent assurer que le fait a lieu.

Trombe de vent. — C'est ainsi qu'on appelle ces tourbillons de vent et de poussière qui arrachent ou brisent les arbres et découvrent les maisons par où ils passent. Il n'y a guère de maraîchers qui n'en aient pas vu au moins un passer dans leur marais, et qui ne sachent qu'un tel tourbillon peut enlever le fumier, les cloches, les châssis, et faire un dégât épouvantable : nous avons vu, dans un ancien établissement sur lequel un tourbillon passait, le maître, les filles, les garçons courir, crier, agiter en l'air tout ce qu'ils pouvaient saisir, comme bêche, fourche, râteau, dans le but de rompre la colonne d'air qui tourbillonnait; mais tout ce bruit, tout ce mouvement n'a produit aucun effet, et le tourbillon a continué sa marche. Un autre procédé, dont nous-mêmes avons une fois éprouvé l'efficacité, consiste à lancer de l'eau contre le tourbillon; c'est ainsi qu'un jour nous avons sauvé le dernier quart d'une ligne de châssis qu'un tourbillon enlevait, en lui lançant de l'eau par la pomme d'un arrosoir. Nous ne chercherons pas à expliquer ce fait; un jour, quelque physicien pourra expliquer ce que nous venons de dire de l'arc-en-ciel, du tonnerre et des trombes de vent.

CHAPITRE XII.

De la récolte et de la conservation des graines potagères.

Il nous a semblé que, dans un ouvrage sur la culture maraîchère, il était nécessaire de faire un petit chapitre dans lequel on pût trouver quelques renseignements sur la manière dont nous nous y prenons pour obtenir et récolter les meilleures graines et pour les conserver le plus longtemps possible. Nous aurons peu de chose à dire qui ne soit connu de tous les jardiniers et surtout des personnes qui se sont occupées de l'organisation des graines, de leurs tissus et des substances plus ou moins altérables qui les composent. Ce que nous allons dire ici, une fois pour toutes, c'est que, quand les graines sont sèches, il faut les mettre, espèce par espèce, dans des sacs de papier ou de toile, et les placer dans un lieu sec, à l'abri de l'air extérieur, de l'humidité et de la chaleur.

ASPERGE.

Quand, vers le 15 juin, on cesse de cueillir les asperges, elles montent et produisent des fruits ronds, succulents, gros comme des pois, d'un très-beau rouge, qui mûrissent en automne et contiennent ou doivent contenir chacun six graines noires; on écrase ces fruits dans l'eau pour en extraire les graines et on les fait sécher : elles se conservent bonnes pendant deux ou trois ans.

AUBERGINE.

Quand on cueille les aubergines pour la vente, on en laisse quelques-unes sur le pied mûrir complétement; alors on en retire les graines, qui sont lenticulaires ou en rein, couleur de brique et du diamètre de 2 millimètres : elles sont bonnes pendant deux ans.

CAROTTE.

Pour obtenir de belle et bonne graine de carotte, il faut faire un semis à la fin de juillet; pendant l'hiver, on couvre les carottes de litière pour les préserver de la gelée ; au dégel, on les arrache et on les replante à 40 centimètres de distance ; on arrose, au besoin, jusqu'à la mi-juin, et, en juillet, la graine de carotte mûrit : cette graine, comme dans le persil et autres ombellifères, est un petit fruit, qui se divise en deux parties, contenant chacune une graine sous une enveloppe coriace, de forme ovale, longue de 3 millimètres, portant, sur le côté extérieur, quatre lignes de longues dents lamellées, qui les rendent comme hérissées : on brise ordinairement ces lamelles en frottant les graines dans les mains avant de les semer ; mais cela ne suffit pas : il faut encore, quand la graine est semée, la plomber avec les pieds, afin de la mettre tout à fait en contact avec la terre et que la germination s'opère plus promptement. La graine de carotte est bonne pendant cinq ou six ans.

CARDON.

Pour obtenir de la graine de cardon, il faut, à l'automne, en laisser quelques pieds en place ; à l'approche des gelées, on coupe les grandes feuilles, on les butte et on les couvre de litière, comme les artichauts ; au printemps, on les découvre, ils poussent leur tige, fleurissent et mûrissent leurs graines en octobre : ces graines sont grises, presque droites et cylindriques, longues de 8 à 9 millimètres et munies de quelques petites arêtes longitudinales : elles sont bonnes pendant trois ou quatre ans.

CÉLERI.

Dans le courant de novembre, on choisit les plus beaux pieds de céleri de chaque espèce, on les replante en pleine terre, à la distance de 33 centimètres, on les couvre pendant l'hiver, on les découvre au printemps ; ils montent et mûrissent leurs graines en août : cette graine est une ou deux fois plus petite que celle du persil et de la même conformation ; elle est bonne pendant six ans.

CERFEUIL.

C'est du cerfeuil semé en septembre, qui a passé l'hiver et monté au printemps, que l'on tire les graines ; elles sont linéaires, aiguës, longues de 12 millimètres et noirâtres : leur propriété germinative se conserve pendant quatre ou cinq ans.

CHOU-FLEUR.

Les choux, en général, sont des plantes bisannuelles qui ne produisent leurs graines que dans
leur seconde année, et c'est sur des choux-fleurs
semés en septembre que nous recueillons des graines dix ou onze mois après. Ainsi, en avril, mai
et juin, temps de la pleine récolte de choux-fleurs,
on marque un certain nombre de pieds qui ont
les plus belles pommes et on ne les coupe pas; on
laisse même une feuille ou deux sur la pomme,
pour qu'elle ne durcisse pas, jusqu'à ce que l'on
voie plusieurs rameaux sortir du grain : alors on
retire ces feuilles sèches et on arrose pour donner
de la vigueur au chou. Ces rameaux grandissent,
se ramifient et fleurissent : c'est alors qu'il ne faut
pas ménager la mouillure; c'est aussi le moment
où, quelquefois, le puceron vert s'établit, en immense quantité, sur les jeunes pousses des rameaux
et compromettrait la récolte des graines, si l'on ne
se hâtait de le détruire par tous les moyens connus,
parmi lesquels nous indiquons celui-ci, comme le
plus expéditif et le plus sûr : on mouille la plante,
en forme de pluie légère, avec un arrosoir et on
répand de la chaux vive en poudre sur les pucerons; si les pucerons reviennent, on recommence.
Bientôt les siliques grandissent, grossissent; quand,
dans le courant d'août, on les croit mûres, on coupe

les petits rameaux qui les portent, on les fait sécher sur un drap au soleil, où presque toutes les
siliques s'ouvrent naturellement et laissent tomber
leurs graines, qui sont rondes, noirâtres, grosses
comme le plomb de chasse nº 9; on les vanne, et,
lorsqu'elles sont bien sèches, on les met en sac :
elles sont bonnes pendant huit ou neuf ans.

CHOU-POMME.

Nous comprenons sous le nom de chou-pomme
tous les choux qui forment une pomme avec leurs
feuilles centrales, depuis le chou d'York jusqu'au
gros chou cabus. Ce que nous allons dire s'applique
aussi aux choux de Milan.

Pour recueillir de la graine sur tous ces choux,
il n'est pas indispensable de laisser perdre leur
pomme, comme on le fait dans beaucoup d'endroits; quand la pomme est coupée pour vendre
ou pour la cuisine, il reste assez d'yeux sur le trognon pour produire des rameaux, des fleurs, des
siliques et des graines en assez grande quantité
pour le besoin de l'horticulture, et ces graines sont
aussi bonnes que celles qui seraient sorties de la
pomme. La plupart de ces graines sont un peu plus
grosses que celles des choux-fleurs, également
rondes et de même couleur noirâtre; on les récolte
à diverses époques de l'été et de la manière que
nous avons dit pour les choux-fleurs : la graine

des choux-pommes et de Milan est bonne aussi pendant huit ou neuf ans.

CHICORÉE FRISÉE.

Pour obtenir de la graine de chicorée frisée et de ses variétés, il faut en semer sur couche au commencement de février et la planter en pleine terre en avril. Quand vient l'époque de la lier pour la faire blanchir, on choisit une douzaine des plus beaux pieds et on ne les lie pas. Ils montent lentement et ne mûrissent leurs graines qu'à la fin de septembre ; ces graines sont petites, oblongues, anguleuses, longues de 2 millimètres, non compris la petite couronne dentée qui les termine. Les graines de chicorée frisée et sauvage, et celles de la scarole, sont très-serrées dans leur calice, n'en sortent que très-difficilement et peuvent rester plusieurs années sur leur tige sans tomber ; aussi est-on obligé de les battre sur un drap, avec un fléau, pour les faire détacher : elles sont bonnes pendant cinq ou six ans.

CONCOMBRE.

On laisse mûrir complétement, même pourrir, les concombres et les cornichons avant d'en recueillir les graines; elles sont aussi longues, mais plus étroites, que celles des melons : on les traite de même et elles se conservent aussi longtemps.

21

CRESSON ALÉNOIS.

On choisit, pour porter graine, celui semé en avril; il monte fin de mai et mûrit en juin; sa graine est couleur de brique, ovale, longue de 2 millimètres : elle est bonne pendant deux ans.

ÉPINARD.

Quand des épinards, semés d'automne, ont passé l'hiver, ils montent vite au printemps et ne tardent pas à mûrir leurs graines, qui sont arrondies ou armées de quelques pointes aiguës : elles sont bonnes pendant trois et quatre ans.

LAITUE PETITE NOIRE.

En février, cette laitue est pommée; alors on choisit les plus belles, on les lève avec une bonne motte, on les replante sur une couche tiède et on place une cloche sur chacune. Au mois de mars, on ôte les cloches, les laitues poussent leur montant, fleurissent, et leurs graines se forment. Vers le mois de juillet, la plupart des graines sont mûres; alors on arrache les plantes doucement, on les place debout contre un mur, au soleil, pendant un jour ou deux, ensuite on les secoue, on les

bat sur un drap, dans un van ; on les laisse encore
sécher au soleil pendant quelques jours , on les
bat une seconde fois , on vanne les graines , et,
quand elles sont bien nettoyées , on les met en
sac (1).

Toutes les laitues ont la graine ellipsoïde, longue
de 3 millimètres, noire ou blanchâtre, marquée de
stries longitudinales; on ne peut guère les distinguer que par la couleur noire ou blanchâtre; celle
de la petite noire (2) est noire : elle conserve sa faculté germinative pendant trois ou quatre ans; les
suivantes la conservent le même temps.

LAITUE GOTTE.

Celle-ci se traite comme la précédente , mais

---

(1) C'est par ellipse qu'on dit petite noire ; pour complé-
ter le sens , il faudrait dire petite laitue à graine noire.

(2) Telle est la manière générale de récolter la graine de
laitue ; mais ceux d'entre nous qui tiennent à ne récolter
que des graines parfaites laissent les laitues porte-graines
en place, et cueillent les graines au fur et à mesure qu'elles
mûrissent , ce qui se reconnaît quand leur aigrette blanche
s'élève hors du calice et en détache les graines ; et, comme
ces aigrettes ne se montrent que successivement , on est
obligé de revenir huit ou dix fois au même porte-graine pour
le dépouiller de ses bonnes graines. Cette manière de récolter la graine en détail , en pinçant seulement le bout des rameaux qui la portent , s'appelle *pincer*.

elle donne sa graine un peu plus tard : cette graine
est blanchâtre et se recueille comme celle de la
petite noire, ainsi que les trois suivantes.

LAITUE ROUGE.

C'est en mai que cette laitue pomme. On laisse
monter les plus belles ; sa graine est noire et on
la récolte en juillet.

LAITUE GEORGES.

Celle-ci pomme et monte en même temps que
la laitue rouge ; sa graine est noire et sa récolte se
fait à la même époque.

LAITUE GRISE.

Cette laitue se cultive pendant tout l'été ; mais
c'est en juin qu'on laisse monter les plus belles
pommes pour graines, lesquelles sont d'un blanc
grisâtre et se récoltent en septembre.

MACHE ORDINAIRE.

La mâche ayant passé l'hiver, elle monte en
graine dès le premier printemps ; mais sa fleuraison
durant assez longtemps, et sa graine (ou plutôt ses

petits fruits) tombant au fur et à mesure qu'elle
mûrit, on la laisse toute tomber; ensuite on la
balaye avec la terre qui s'y trouve; on jette le
tout dans un baquet d'eau, la terre tombe au
fond et la graine (ou petit fruit) surnage au moyen
de ses deux loges stériles, pleines d'air; on la lave,
on la fait sécher sur un linge, puis on la vanne et
on la met en sac. La graine de la mâche ordinaire
se distingue en ce qu'elle n'est pas couronnée :
elle est bonne pendant sept ou huit ans.

MACHE RÉGENCE.

La graine de celle-ci se reconnaît en ce qu'elle
est moins grosse et qu'elle a une petite couronne
dentée au sommet; elle se recueille aussi au printemps et de la même manière.

MELON.

Tout le monde sait que, lorsque l'on mange un
bon melon, on peut espérer que sa graine en re-
produira d'autres également bons ; mais on n'en a
jamais la certitude. Le moyen de n'être pas trompé
n'est pas de préférer la graine des plus gros melons,
mais bien celle de ceux qui sont les mieux faits
dans leur espèce; car les melons d'une grosseur
extraordinaire à leur espèce sont sujets à varier
l'année suivante : on choisira donc pour graine le

melon le mieux fait dans son espèce; on le laissera
bien mûrir, mais non pourrir; on en tirera la
graine, qu'on lavera et fera bien sécher avant de la
mettre en sac.

Toutes les graines de melon sont oblongues,
comprimées, plus ou moins grosses, à peau coriace,
d'un blanc jaunâtre, lisses; celle des cantaloups est
longue de 11 millimètres, large de 6 millimètres,
tandis que celle du melon maraîcher n'a que 1 centimètre de longueur sur 5 millimètres de largeur.
Nous conservons les graines de melon pendant
quatre ou cinq ans; mais il y a des exemples qui
montrent qu'elles peuvent être bonnes pendant
vingt-cinq ans et plus.

OIGNON.

Les oignons ayant passé l'hiver dans un grenier,
on les plante en pleine terre, au printemps, à
45 centimètres de distance; bientôt ils montent et
on attache leurs montants à des tuteurs, pour empêcher que le vent ne les casse. Vers les mois d'août
et septembre, les nombreuses capsules globuleuses,
grosses comme de petits pois, mûrissent et commencent à s'ouvrir en trois valves; alors on coupe
les têtes, on les fait sécher, sur un drap, au soleil,
ensuite on les frotte dans les mains pour achever
d'en faire sortir les graines, qui sont noires, anguleuses, irrégulières, longues de moins de 3 millimètres : elles sont bonnes pendant trois ans.

OSEILLE ORDINAIRE.

Ce qu'on appelle graine dans l'oseille est une capsule triangulaire, brune, luisante, uniloculaire, indéhiscente et qui contient la véritable graine. L'oseille monte au printemps, et sa graine se recueille sans difficulté : elle est bonne pendant trois ans.

PANAIS.

Le panais pour graine se traite comme la carotte et monte à la même époque ; il appartient à la même famille, mais sa graine est très-différente de celle de la carotte ; ici elle est très-plate, ovale, entourée d'une large membrane qui n'a pas moins de 5 millimètres de hauteur : cette graine germe pendant deux ou trois ans.

PERSIL.

Après avoir passé l'hiver, le persil monte au printemps et mûrit ses fruits en juin ; ces fruits sont ovales, striés longitudinalement, longs de 2 millimètres, didymes ou se divisant en deux parties de la forme d'un haricot et qui contiennent chacune une graine.

La récolte des petits fruits ou graines de persil n'offre aucune difficulté : ils conservent la faculté germinative pendant quatre ou cinq ans.

PIMPRENELLE.

On ne sème pas souvent la pimprenelle dans les jardins, parce que c'est une plante vivace qu'on multiplie ordinairement par éclat. Quand on sème la pimprenelle au printemps, elle monte en graine l'année suivante. Cette graine est brune, ovale, ridée, striée, à quatre ailes; sa longueur est de 3 à 4 millimètres : elle est bonne pendant trois ans.

POIREAU.

Le poireau passant bien l'hiver en pleine terre, on en laisse sur place la quantité que l'on veut, et il monte au printemps; il fructifie absolument comme l'oignon, et ses capsules se traitent de même: sa graine est noire comme celle de l'oignon, mais un peu plus petite, plus pointue d'un bout et moins anguleuse; elle germe également pendant trois ans.

POIRÉE, CARDE-POIRÉE.

On conserve ces plantes l'hiver; au printemps suivant elles montent et mûrissent leurs graines dans l'été. Il faut faire sécher les graines au soleil et les battre pour les détacher de la plante; ces graines sont des fruits gros comme de petits pois, très-rugueux en dehors, noirs et durs comme du jais en dedans, et contiennent une seule amande : leur faculté germinative se conserve trois ou quatre ans.

POTIRON.

Les graines des potirons et giraumonts varient selon les espèces, non en forme, mais en grandeur; ainsi elles sont beaucoup plus petites dans l'artichaut de Jérusalem que dans le gros potiron; mais elles se ressemblent toutes par le bourrelet qui les entoure, tandis que les graines des melons et concombres manquent de ce bourrelet. Dans les gros potirons, les graines sont longues de 2 centimètres 7 millimètres, et, dans le turban, elles n'ont que 1 centimètre 8 millimètres. Toutes ces graines se recueillent lorsqu'on en mange le fruit, se lavent ou ne se lavent pas, et se conservent bonnes pendant quatre ou cinq ans.

RAIPONCE.

La raiponce, semée en juillet, monte au printemps suivant, et la graine mûrit en juillet. Cette graine est fine comme poussière, et elle est bonne pendant trois ans.

RADIS NOIR.

Ce sont les radis noirs, semés en juin, qu'on choisit ordinairement pour porte-graines : à la fin de décembre, on choisit les plus beaux, on les plante profondément à 60 centimètres de distance, on les couvre pendant les fortes gelées, et ils mûrissent leurs graines en juin ; graines que l'on récolte comme celles du radis rose, qui sont de mêmes couleur et grosseur, et bonnes pendant trois ans.

RAVE, RADIS.

Quand on fait des graines pour le commerce, on sème, au printemps, des planches, des champs de raves ou de radis, et on les laisse monter en graine ; mais les maraîchers cultivent peu la rave, et, parmi les radis, le rose étant le plus du goût des consommateurs, c'est presque le seul qu'ils cultivent : quand donc ils ont besoin de graine de radis rose, ils choisissent, parmi les radis roses qu'ils ont semés sur couche au printemps, un certain nombre des plus francs, les arrachent et les replantent en pleine terre, à 40 ou 45 centimètres de distance ; on les arrose de suite, bien entendu, et trois ou quatre fois encore tandis qu'ils montent, et la graine mûrit ordinairement en juin. On arrache alors les pieds et on les place debout contre un mur, au midi, pour les faire sécher ; mais la silique des raves et radis ne s'ouvre pas d'elle-même comme celle des choux ; il faut la battre, la briser avec un fléau pour en faire sortir les graines, qui sont une fois plus grosses que celles de chou, moins rondes et d'une couleur tirant sur la couleur de brique : après les avoir vannées, on les enferme et elles sont bonnes pendant trois ans.

ROMAINE.

Ces plantes ont les graines de mêmes forme et longueur que celles des laitues, également striées, mais un peu plus étroites : toutes sont d'un blanc grisâtre et elles conservent leur faculté germinative pendant trois ou quatre ans.

ROMAINE VERTE.

A la fin d'avril ou au commencement de mai, époque où la romaine plantée en pleine terre est bien coiffée, on laisse monter les plus belles têtes, on arrose pour leur donner de la vigueur, et, dans le courant de l'été, quand elles sont défleuries et que les calices sont bien renflés, on les arrache pour les poser debout contre un mur, au soleil ; comme nous l'avons dit pour les laitues, et on en recueille la graine de la même manière. Les graines de romaine se conservent bonnes pendant trois ou quatre ans.

ROMAINE BLONDE.

Celle-ci se plantant un peu plus tard en pleine terre, sa graine se récolte environ un mois plus tard.

ROMAINE GRISE.

La romaine grise se semant en pleine terre tout l'été, on a plusieurs époques pour en recueillir la graine.

SCAROLE.

Comme nous ne cultivons pas de scarole au printemps, c'est de celle que nous semons en août que nous tirons nos graines. En novembre, on marque les plus beaux pieds, on les garantit de la gelée, pendant l'hiver, en les couvrant et les découvrant à propos : pendant les petites gelées du printemps, on les couvre de cloches que l'on retire au beau temps ; alors la scarole monte, sa graine mûrit en septembre et on la recueille comme nous venons de dire pour la chicorée frisée : elle est également bonne pendant cinq ou six ans.

CHAPITRE XIII.

Calendrier de la culture maraîchère, ou résumé des travaux à exécuter et des produits à récolter dans chaque mois de l'année.

Ayant donné, page 92, les raisons qui nous ont déterminés à commencer l'exposé de la culture maraîchère par le mois d'août, ces mêmes raisons nous conduisent à commencer aussi ce calendrier par le même mois.

AOUT.

Il faut que, dans ce mois, la terre continue d'être couverte de tous les légumes de la saison, et continuer de les entretenir à la mouillure et en état de propreté. Il faut encore se souvenir que ce mois est le commencement de l'année horticole et qu'il est temps de commencer à accumuler le fumier de cheval, dont il faudra faire une prodigieuse consommation dès novembre jusqu'en avril de l'année prochaine. A mesure que les melons, plantés sur les couches en tranchées, se vendent, on vide ces tranchées du fumier qui formait les couches, on les remplit de la terre qu'on en avait tirée, on la laboure et on y plante des choux-fleurs durs et demi-durs, de la scarole, de la chicorée grosse et demi-fine, des choux de Milan

frisés, pour vendre dans le courant de l'hiver.
Après le 15 du mois, au fur et à mesure que les
planches se vident, on y sème de l'oignon blanc,
des épinards à graines rondes et à graines piquantes,
qui se vendront de l'automne au printemps ; des
radis, des mâches, qui seront bons à vendre en
octobre ; des carottes demi-longues, qui seront
livrées à la consommation au printemps suivant.
On sème aussi des haricots de Hollande, que l'on
couvrira de châssis à l'approche des premières gelées. On donne de fortes mouillures aux cardons,
céleris, choux-fleurs, cardes-poirées, poireaux, à
l'oseille, à l'estragon ; mais on n'arrose que modérément la scarole, la chicorée, les concombres, les
cornichons, à moins que le temps ne soit à la
grande sécheresse. On visite souvent les porte-
graines pour les purger d'insectes, et on recueille
les graines à mesure qu'elles mûrissent. Si on n'a
pas commencé la culture des champignons dès le
mois de juillet, on peut l'entreprendre dans celui-ci
et le suivant ; cependant il faut ne faire usage que
très-rarement de cette latitude, car il est toujours
avantageux d'arriver le premier, puis huit jours de
retard peuvent faire perdre une saison : enfin
tous les légumes doivent être sarclés, binés, ésher-
bés dans ce mois, comme dans tous ceux de l'année
où la végétation est en activité.

Les récoltes de ce mois sont des chicorées, des
laitues grises, romaines blondes, choux-fleurs
d'été, poireaux, carottes, un peu d'épinards, pour-

pier, scarole, cerfeuil, persil, melons, concombres, radis, cornichons, oseille, tomates, aubergines, potirons de toute espèce.

———

SEPTEMBRE.

La terre doit être tout aussi garnie de légumes dans ce mois que dans le précédent. Les choux-fleurs d'automne, les scaroles, les chicorées occupent une très-grande place, tandis que la romaine, les melons et concombres disparaissent peu à peu. A compter du 1er de ce mois, on ne plante plus aucune salade dans nos marais, mais alors on sème les choux hâtifs, tels que chou d'York, pain-de-sucre et cœur-de-bœuf, pour être repiqués plus tard en pépinière; du 8 au 12, on sème les choux-fleurs petit et gros salomon, le demi-dur et le dur, pour être repiqués soit sur ados ou sous châssis, et ensuite plantés sur couche ou en pleine terre quand la saison sera arrivée. On sème de la laitue petite noire ou crêpe pour être plantée sous cloche ou sous châssis à froid; on continue de semer des mâches, des épinards, et, si le temps est sec, il faut arroser ces plantes pour les faire lever. On continue d'amasser du fumier pour faire des couches en novembre, et réchauffer des asperges blanches et vertes dès la fin d'octobre; on en pré-

pare aussi pour faire des meules à champignon.
Vers la fin du mois, on commence à lier et empailler des cardons pour les faire blanchir; on replante du céleri dans des tranchées ou dans de vieilles couches et on *l'empiète*; on sème encore des radis roses, on sème du cerfeuil qui donnera au printemps, on fait un second semis de laitue petite noire qui sera repiquée sous cloche et plantée sur couche en novembre; à la même époque, on sème aussi de la romaine verte pour être repiquée très-clair sous cloche, parce que c'est de cette romaine dont plus tard on plantera un pied entre quatre laitues par clochée sur couche. On cueille les choux-fleurs d'automne à mesure que leur tête arrive à la perfection; on fait un second semis de raiponce pour donner après celui déjà fait, on continue de lier la scarole et la chicorée, et, si le temps est au sec, on mouille en plein les choux-fleurs, le céleri et tout ce qui paraît en avoir besoin.

A la fin de ce mois et dans le suivant, il est temps de penser à mettre les coffres, les châssis en état, à faire des paillassons; on n'a pas le temps de s'en occuper dans le jour, la pluie même ne fait pas rentrer le maraîcher ni son monde; c'est le matin à la chandelle et le soir à la veillée qu'on prépare et qu'on met en état toutes ces choses, afin que, quand arrivera le moment de s'en servir, on les trouve toutes prêtes sous la main.

On récolte, dans ce mois, chicorée de Meaux, de Rouen, scarole, choux-fleurs, carotte, panais, dernières laitues, derniers melons, toutes sortes de fournitures, oseille, cornichons, piment, aubergine, tomates, potirons de toute espèce.

OCTOBRE.

Dans les premiers jours de ce mois, on peut aussi semer une partie des graines semées dans le mois précédent : ainsi on sème encore surtout la raiponce, des mâches; on sème de la petite laitue noire, de la romaine verte hâtive pour planter sur couche ou en côtière; on sème enfin du cerfeuil qui donnera au printemps : de quinze jours en quinze jours, on empaille des cardons et on rechausse; on butte complétement du céleri pour le faire blanchir et en avoir toujours pour la vente; on repique en pépinière les choux d'York, pain-de-sucre et cœur-de-bœuf semés les premiers jours de septembre. Les choux-fleurs qu'on a semés en même temps se repiquent dans des coffres, afin qu'on puisse les couvrir de châssis à la première gelée; si les tiges d'asperge sont sèches, on les coupe à fleur de terre et on donne un léger labour aux griffes. On continue de faire blanchir des cardons, du céleri, de lier des scaroles, des chicorées; on commence à cueillir des mâches semées en août, des radis, des épinards. Vers

22

la fin de ce mois, on sème sous cloche de la laitue gotte, de la Georges, de la rouge et de la grise pour être repiquées sur ados et sous cloche; on sème également et de la même manière les romaines blonde et grise pour être aussi repiquées sur ados et sous cloche ou sous châssis. Les choux-fleurs d'automne sont actuellement dans toute leur croissance, et il y a d'abondantes têtes à couper tous les jours pour envoyer à la halle; on plante à demeure l'oignon blanc que l'on a semé en août. Il y a ordinairement de petites gelées à la fin du mois; alors on met les châssis sur les choux-fleurs que l'on a repiqués dans des coffres et on leur donne de l'air dans le jour. On peut commencer à chauffer des asperges vertes, même des asperges blanches; mais c'est dans le mois suivant qu'a lieu la grande récolte de ces asperges de primeur.

On récolte chicorée, scarole, chou-fleur, premiers cardons, céleri, carotte, panais, mâche, raiponce, aubergine, tomate, piment, champignons, persil, cerfeuil, raves, radis, épinards, potirons variés.

NOVEMBRE.

C'est dans ce mois que commencent sérieusement les travaux de primeur, et, pour les mener à bien, il faut avoir sous la main une provision de

fumier considérable. Dès les premiers jours, on
chauffe des asperges blanches et on continue d'en
chauffer de vertes; on continue aussi de repiquer,
sur ados et sous cloche, de la romaine, des laitues
noire, gotte, Georges, grise et rouge, semées
dans le mois précédent; on peut même en semer
encore dans le commencement de celui-ci, si l'on
craint de n'en avoir pas assez, car il se fait une
énorme consommation de laitues et de romaines
forcées à Paris. On commence à faire des couches
pour planter les premières laitues noires repiquées
sur ados; on plante en côtière, et même en
plein carré dans des sillons, les choux d'York,
pain-de-sucre et cœur-de-bœuf, et, quand la gelée
devient menaçante, on pose une poignée de litière
sur chaque pied; on continue de planter l'oignon
blanc à demeure; s'il gèle à 3 degrés, on coupe
le restant des choux-fleurs d'automne, on couvre
de litière la scarole et la chicorée qui n'est pas liée.
On rechange le jeune plant de romaine en le repiquant sur un autre ados, s'il paraît grandir trop
vite; on fait des accots autour des couches et des
ados pour empêcher la gelée de pénétrer; on rechange aussi les choux-fleurs repiqués sur châssis
par la même raison qui a fait repiquer la romaine.
Quand la gelée augmente, on étend des paillassons
sur les couches et sur les ados couverts de cloches,
on arrache et met en jauge la scarole, la chicorée
qui n'est pas liée et que l'on couvre de grand fumier sec, ou bien on les porte dans le cellier,

dans la cave, où on les pose la racine en l'air pour les faire blanchir; on couvre de litière les tranchées de céleri, on rentre les cardons dans une serre ou une cave à l'abri de la gelée : enfin ce mois et le suivant exigent que les primeuristes prennent toutes les précautions possibles pour préserver leurs jeunes plants des rigueurs de la saison.

On récolte, en novembre, chicorée, scarole, mâche, raiponce, cardons, céleri-rave et autres, chou rouge et autres, carotte, poireau, panais, champignon, cerfeuil, épinards, potirons variés.

DÉCEMBRE.

L'hiver sévit ordinairement avec plus de rigueur dans ce mois que dans le précédent, et le primeuriste doit redoubler de vigilance pour la conservation de ses plants : quand la gelée augmente, on met du fumier court et sec entre les cloches des ados, on entoure les couches déjà faites de bons accots, et on met du fumier neuf dans les sentiers; on continue de chauffer les asperges blanches et vertes; on continue de faire des couches pour planter de la laitue noire sous châssis, pour semer des carottes hâtives, des raves, des radis. On porte du fumier sur la terre où l'on doit faire de nouvelles couches, afin qu'elle ne gèle pas : toutes les fois que le soleil luit, que le temps est doux, on donne de l'air aux châssis, même aux cloches : si on prévoit de grandes gelées, on remet encore du fumier court entre les cloches sur les ados, on couvre de litière les plantes de pleine terre, telles que poirée, carde-poirée, oseille, persil, mâche, et on les découvre aussitôt qu'il dégèle ; mais, comme l'oseille et le persil sont un besoin de tous les jours, on en réchauffe de vieux pieds sur couche et sous châssis : quand il est tombé de la neige sur les paillassons qui couvrent les châssis et les cloches, et que la gelée continue sans que le soleil se montre, on peut laisser cette neige qui est un bon abri pendant quelque temps, mais il ne faut pas la laisser fondre sur les couches ni sur les ados, qu'elle refroidirait et rendrait trop humides. Ceux qui n'ont pas semé de pois Michaux ou précoce sous châssis à froid dans le mois précédent peuvent en semer dans celui-ci : on peut préparer des meules à champignon qui donneront en mars ; on peut semer des melons et concombres.

On vend les dernières chicorées et les dernières scaroles, les derniers choux-fleurs non serrés ; on continue de vendre mâche, raiponce, céleri plein et céleri-rave, cardon, champignon, persil, cerfeuil, poireau, chou rouge et autres, épinard, oseille, premières asperges blanches et vertes, premières laitues noires.

JANVIER.

Les travaux de ce mois sont une continuation de ceux du mois précédent, et ne demandent pas moins de surveillance pour garantir les jeunes plants de la gelée, pour les faire jouir autant que possible du soleil et de l'air pendant le jour, ne serait-ce que pendant une heure. Ainsi on continue de faire de nouvelles couches pour planter de la laitue noire ou crêpe sous châssis, pour réchauffer de l'oseille, du persil, et quelquefois d'autres fournitures, pour semer des raves, des radis. On chauffe des asperges blanches et vertes; on fait des couches à cloches, et on plante sous chaque cloche quatre laitues et une romaine au milieu; on sème encore des carottes hâtives sur couche et sous châssis, de la petite chicorée sauvage également sous châssis. Il est bien entendu qu'on entoure ces nouvelles couches de bons accots et qu'on garnit les sentiers de bon fumier neuf. On plante sous châssis plusieurs espèces de choux-fleurs. A la fin du mois, s'il ne gèle pas, on laboure les meilleures côtières, et on y plante les premières romaines vertes que l'on prend sur les ados. On commence à cueillir de la laitue noire plantée sur couche et sous châssis en novembre.

La pleine terre donne peu dans ce mois; mais, si l'on a pu disposer de quelques coffres et pan-

neaux de châssis pour abriter un bout de planche
d'oseille, de persil, cerfeuil, poirée, ces plantes
donneront encore quelques produits : on sème
melons et concombres.

On récolte, dans ce mois, laitue noire, mâche,
raiponce, poireau, céleri plein et céleri-rave, chou
rouge, chou de Bruxelles et autres, persil, cerfeuil,
épinard, champignon, asperges blanches et vertes,
choux-fleurs conservés dans le cellier par le moyen
indiqué page 132.

FÉVRIER.

Dès les premiers jours de février, on fait une
couche mère pour semer des melons cantaloups
de diverses variétés et des concombres, que l'on
repique huit ou dix jours après sur une autre dite
couche pépinière, en plein terreau ou dans de
petits pots, d'après le calcul qu'on aura fait du
temps à s'écouler jusqu'à ce qu'on puisse les planter à demeure. A cette époque, les primeuristes
ont déjà des couches vides qui ont rapporté de la
laitue noire ou crêpe : alors on *retourne* ces couches; on y mêle du fumier neuf, on les rebâtit, et
on y replante une autre saison de petite laitue
noire, une première saison de chou-fleur, de romaine; on y sème des carottes, des radis, etc. : on

fait des couches neuves pour semer de la chicorée
fine, des haricots-flageolets pour repiquer sur d'autres couches ; on plante les premiers choux-fleurs
demi-durs en pleine terre dans une côtière où l'on
a déjà planté de la romaine verte, et que l'on abri-
tera au besoin avec une poignée de paille ; on sème,
en pleine terre et seulement en côtière, des carottes, des radis, en même temps qu'on y plante
de la romaine et des choux-fleurs ; on sème sur
couche des poireaux pour être plantés en pleine
terre au printemps ; on sème des aubergines, des
tomates sur couche et sous châssis pour les planter
en pleine terre après les gelées. Si on n'a pas pu planter tout son oignon blanc à l'automne, ses choux-
d'York, pain-de-sucre et cœur-de-bœuf, on en achève
la plantation ; on continue de chauffer l'asperge
blanche et verte. Pendant tout ce temps, il faut veiller
à ce que la gelée ne pénètre sous aucune cloche, sous
aucun châssis, profiter du soleil pour donner de l'air
à ce qui en a besoin, chasser l'humidité surabon-
dante, nettoyer, supprimer les feuilles altérées des
laitues, romaines et autres plantes. Après le 15 ou
le 18, on plante les premiers melons, les premiers
concombres sur des couches retournées et refaites
à neuf, munies de coffres et de châssis. Vers la fin
du mois, on laboure la terre où l'on doit faire des
tranchées à melons cantaloups en mars ; on sème
en pleine terre des carottes, des épinards, du persil,
du cerfeuil ; on plante sur des couches les haricots-
flageolets que l'on a semés et repiqués au commen-

cement du mois; on les couvre de châssis, et on en sème d'autres pour leur succéder.

On a à vendre, dans ce mois, laitue noire, radis nouveaux, romaine verte, oseille, mâche, raiponce, persil, cerfeuil, oseille, céleri plein et céleri-rave, poireau, panais, premiers haricots verts, champignons, asperges blanches et vertes, choux-fleurs conservés, nouvelle laitue à couper.

MARS.

Dans les premiers jours de ce mois, on commence à ouvrir les tranchées dans lesquelles on fera successivement des couches sur lesquelles on plante des melons cantaloups en grande quantité et que l'on couvre de châssis au fur et à mesure qu'on les plante; on fait des couches pour continuer de planter des laitues et des romaines sous cloche et sous châssis; on sème sur couche et sous châssis d'autres melons pour une deuxième ou une troisième saison; on plante en pleine terre les romaines verte, blonde et grise, les laitues grise, rouge et Georges, que l'on prend sur les ados où elles ont passé l'hiver; et, comme en cette saison on ne craint plus ordinairement de fortes gelées, on sème en pleine terre, dans nos marais, beaucoup de graines qu'ailleurs, et dans les terres fortes et froides, on ne sème qu'en avril et mai : ainsi, dans le courant de mars, nous semons en pleine terre des carottes courte, demi-longue et longue, de l'oignon, du poireau , des chicorées fine et demi-fine , des raves et radis, de l'oseille , panais, cresson alénois, des laitues gotte, rouge et Georges ; on fait un second semis d'épinards pour succéder à celui fait en février, et, quoiqu'on ait semé de la chicorée fine et demi-fine en pleine terre, on en sème aussi sur couche et sous châssis, qui sera venue avant celle semée en pleine terre ; on fait de nouvelles couches en tranchées, pour les haricots ; on sème encore des aubergines et des tomates sur couche; on sème en pleine terre de la graine d'asperge, et on peut commencer à planter le semis de l'an passé ; enfin on plante en pleine terre beaucoup de choux-fleurs élevés sous châssis.

Dans ce mois, il y a ordinairement des hâles desséchants qui exigent qu'on arrose avec modération et discernement les couches et la pleine terre.

On a, dans ce mois, laitue noire, radis nouveaux, romaine verte, oseille, persil, cerfeuil, dernières mâches et raiponces, carottes nouvelles, haricots verts, poireaux, épinards, petite chicorée sauvage, champignon , estragon , dernières asperges blanches et vertes, derniers choux-fleurs conservés.

AVRIL.

Il n'y a plus de fortes gelées à craindre ; mais il faut toujours se tenir en garde contre les petites gelées tardives, qui sont souvent fatales aux primeuristes trop confiants. On continue de planter des melons en tranchées sous panneaux, et on en sème d'autres pour être plantés sur couche et sous cloche ; on taille et on tapisse les melons sous châssis ; on retourne les vieilles couches à laitues, à mesure qu'elles se vident, et on y replante des melons à cloche.

Il est temps de semer sur un bout de couche toutes les cucurbitacées qui doivent être ensuite plantées en pleine terre, telles que les différents potirons, giraumonts, concombres et cornichons. On plante en côtière des tomates et des aubergines élevées sur couche ; on sème et on plante en pleine terre tous les légumes maraîchers, qui se cultivent au printemps, dans l'été et l'automne, et dont l'énumération serait ici trop longue ou fastidieuse ; on ôte les châssis des couches à carottes, raves, radis, chicorées, et on les met sur les derniers melons que l'on plante en tranchées.

A mesure que le froid diminue, la sécheresse augmente ordinairement : il faut veiller à ce que chaque légume ne manque pas de l'humidité qui lui est nécessaire ; enfin il faut qu'à la fin de ce mois on ne voie plus aucune partie nue dans un marais.

On vend, dans ce mois, les dernières laitues noires, les premières laitues gotte et Georges, les premiers melons, petit prescott fond blanc et concombres; on continue de vendre romaine verte, carotte, raves, radis, oseille, persil, cerfeuil, estragon, pimprenelle, haricots verts, carde-poirée, champignon.

MAI.

Un jardin maraîcher doit, dans ce mois, représenter un tapis de verdure variée, et une des principales affaires du maraîcher est de faire ses semis de telle manière qu'il ait toujours des plants prêts pour remplacer ceux parvenus à maturité et journellement livrés à la consommation, afin que son marais soit toujours plein jusqu'à la fin de l'automne.

On plante les derniers melons cantaloups en tranchées; on retourne les dernières couches à laitues, à carottes vides, pour y planter d'autres melons; on plante en place des aubergines, des tomates, si on n'a pu le faire à la fin du mois précédent; si on ne craint pas trop la concurrence, on sème une planche ou deux de haricots verts pour succéder à ceux que l'on a sous châssis; on sème des épinards, du cerfeuil, pour remplacer ceux qui

montent en graine ; on sème toutes les sortes de
laitues, excepté la petite noire, qui n'est plus de saison ; on sème également les trois sortes de romaines, mais la verte finira avec le mois ; on ne sèmera plus que la blonde et la grise, que la scarole
et la chicorée feront disparaître à leur tour en
septembre; on sème les cardons sur un bout de
couche pour être replantés, ou on les sème immédiatement en place. Le céleri se sème de préférence
sur un bout de couche, parce qu'il vient plus vite
et peut être repiqué plus promptement que celui
semé en pleine terre ; cependant le petit céleri à
couper se sème en pleine terre. Les choux-fleurs,
soit sur couche, soit en pleine terre, étant dans leur
grande force, demandent de grands arrosements et
une grande surveillance contre les insectes. On
plante à demeure les potirons, giraumonts, concombres et cornichons semés sur couche le mois
dernier. La poirée, la carde, le persil de l'an passé
montent en graine, et on les remplace par de nouveaux semis si on ne l'a déjà fait. On sème des
radis roses tous les dix jours, le radis noir pour
l'hiver, des carottes et des panais pour être livrés
à la consommation, à mesure qu'ils grossissent. La
taille des melons occupe une bonne partie du
temps du jardinier-maraîcher, dans ce mois et dans
le suivant.

On vend, dans ce mois, laitues rouge et grise, romaines blonde et grise, chou-fleur, melon, concombre, chicorée fine, choux d'York, pain-de-sucre,

cœur-de-bœuf, haricots verts, radis, raves, persil,
cerfeuil, épinard, oseille, estragon, pimprenelle,
cresson alénois, carotte, carde-poirée, poireau nouveau, oignon blanc, ciboule.

———

JUIN.

Il faut, dans ce mois comme dans les deux précédents, que le jardinier-maraîcher ait toujours à
la mémoire combien de temps telle ou telle graine
met à lever, en combien de temps le plant qui en
provient est bon à planter, et en combien de temps
le légume qu'il donne sera bon à livrer à la consommation, afin qu'il fasse toujours ses semis à
propos, et qu'il ne soit pas exposé à perdre une
saison, ni à voir du terrain inoccupé.

On peut encore planter quelques melons les
premiers jours de ce mois, si l'on a du plant en bon
état; on sème des choux-fleurs durs et demi-durs
pour donner leur pomme en automne; on plante
ceux que l'on a semés en mai; on sème encore des
cardes-poirées; on sème les romaines et les laitues
de la saison, peu à la fois, mais tous les dix ou
douze jours; on plante les cardons semés sur un
bout de couche le mois précédent; on peut même
en semer en place si on ne l'a déjà fait; on sème le
chou de Bruxelles, le chou de Milan frisé et autres
pour l'hiver; on commence à repiquer le grand céleri, le céleri turc et le céleri-rave. La taille des melons

réclame encore une partie du temps du maraîcher ce mois-ci. Les fournitures, comme pourpier doré, cerfeuil, bonne-dame, montent vite dans cette saison; il faut en semer très-souvent. Le pourpier et la bonne-dame ne craignent pas le soleil; mais le cerfeuil a besoin d'être semé à l'ombre; on sème la première scarole dans ce mois. Une grande partie du temps est employée aux arrosements, sans lesquels il n'y a pas de récolte à espérer. C'est dans ce mois qu'on retire les châssis et les cloches de dessus les couches; les châssis s'empilent sous un hangar à l'abri de la pluie; les cloches s'empaillent et se mettent en *route* dans un coin du marais à l'abri des chocs (*voir* page 78).

Les produits de ce mois sont des choux-fleurs, des choux d'York, pain-de-sucre et cœur-de-bœuf, des melons, des concombres, haricots verts, tomates, aubergines, cresson alénois, cerfeuil, persil, pimprenelle, oseille, pourpier doré, oignon blanc, ciboule, ciboulette, raves et radis, premier céleri à couper, bonne-dame.

JUILLET.

Il ne faut pas moins de prévoyance dans ce mois que dans les précédents, puisque l'on a à peu près les mêmes semis et les mêmes plantations à faire, excepté la romaine verte qui a cédé sa place à la scarole.

Dans les premiers jours du mois, on continue

de repiquer les céleris; on continue aussi de planter des choux-fleurs durs et demi-durs pour l'automne; on plante à demeure les choux de Milan frisé, de Bruxelles, chou rouge et autres, pour être livrés à la consommation pendant l'hiver; on continue de semer chicorée, scarole, raves, radis, cerfeuil, bonne-dame, et tout ce qui peut arriver à maturité avant l'hiver. A mesure que les couches de melons en tranchées se vident, on enlève le fumier de ces couches, on remplit les tranchées avec la terre qu'on en avait tirée; on laboure le tout, et on y plante des choux-fleurs d'automne, des chicorées demi-fine, rouennaise, de Meaux, des scaroles, et on y sème d'autres légumes de la saison. Les arrosements sont ordinairement encore plus nombreux et plus indispensables que dans le mois précédent, et il ne faut pas espérer d'obtenir de beaux choux-fleurs, de beaux céleris, s'ils ne sont pas très-abondamment arrosés.

Dans ce dernier mois de l'année horticole, les marais offrent des melons en abondance, des concombres, des cornichons, des chicorées fines et demi-fines, des romaines blondes et grises, des laitues grises et rouges, des choux pain-de-sucre et cœur-de-bœuf, des choux-fleurs d'été, des carottes, tomates, aubergines, panais, poireau, céleri coupé, poirée, radis, persil, oseille, belle-dame, et toutes les fournitures de la saison.

ERRATA.

32, ligne 13, les escaroles, *lisez* les scaroles.

45, ligne 24, épais de 1 mètre 50 centimètres, *lisez* épais de 1 centimètre et demi.

59, ligne dernière, d'escarole, *lisez* de scarole.

104, ligne dernière, en sou, *lisez* en son.

113, ligne 22, sujettes à dégénérer, si on les laisse, *ôtez* la virgule.

123, ligne dernière, plantation en planchis, *lisez* plantation en planches.

132, ligne 3, moyen de conserver les pommes de chou-fleur pendant l'été, *lisez* pendant l'hiver.

154, ligne 14, sous cloche, en février, *ôtez* la virgule.

ib., ligne 16, sous châssis, fin de février, *ôtez* la virgule.

195, ligne 23, sa tige, *lisez* la tige.

211, lignes 12 et 13, le plus gras possible, *lisez* le plus gros possible.

215, ligne 18, pendant cinq ou huit jours, *lisez* de cinq à huit jours.

226, ligne 15, de 1 mètre, *lisez* de 2 mètres.

245, ligne 19, on coupe, *lisez* on cueille.

295, ligne 12, on prend une pelle ; avec, *lisez* on prend une pelle, avec.

303, ligne 8, quand le plant est aussi, *lisez* quand le plant est encore.

309, ligne 6, et finissen, *lisez* et finissent.

319, ligne 23, pluie légère, avec, *lisez* pluie légère avec.

Paris. — Imprimerie de Me Ve BOUCHARD-HUZARD, rue de l'Éperon, 7.

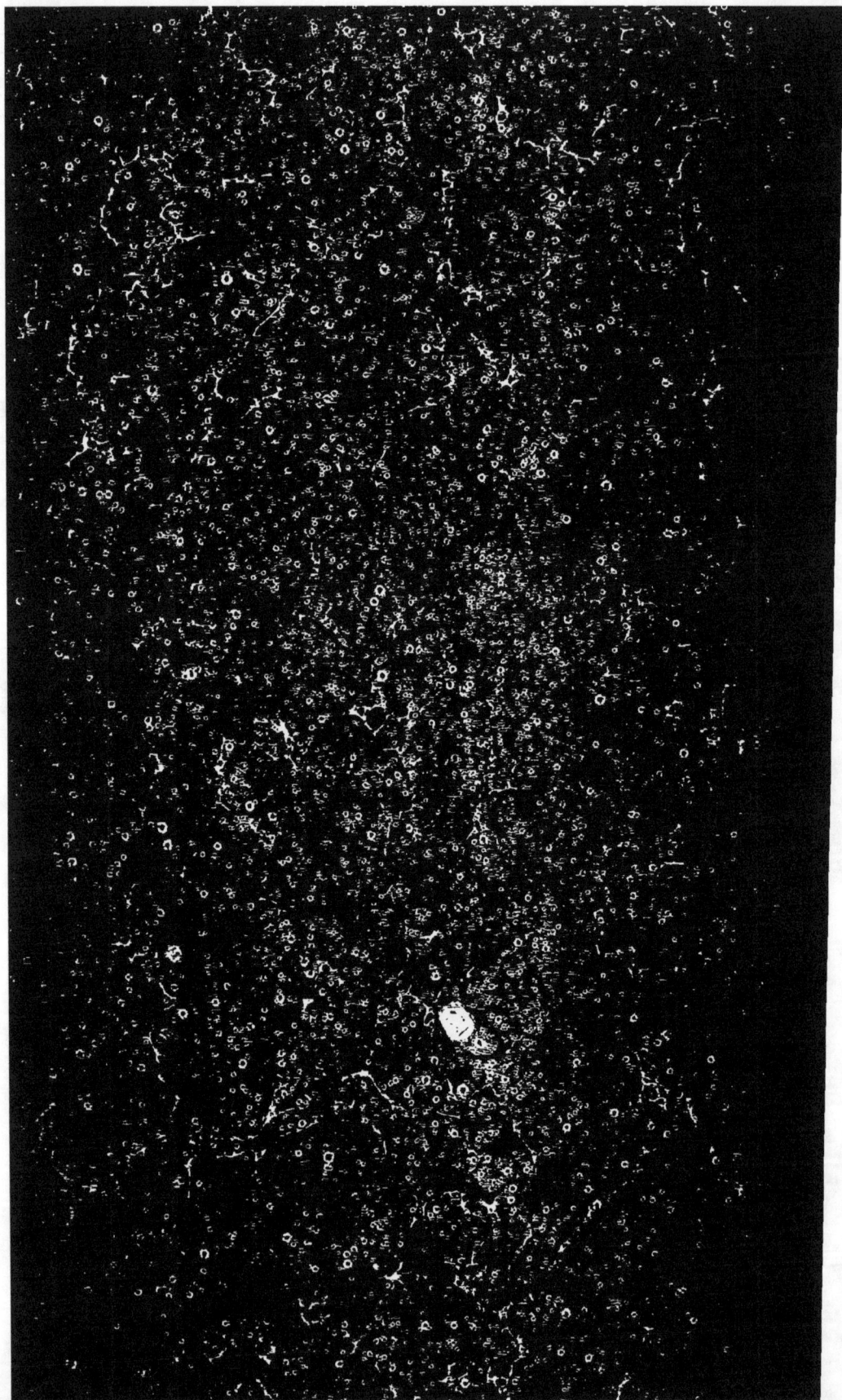

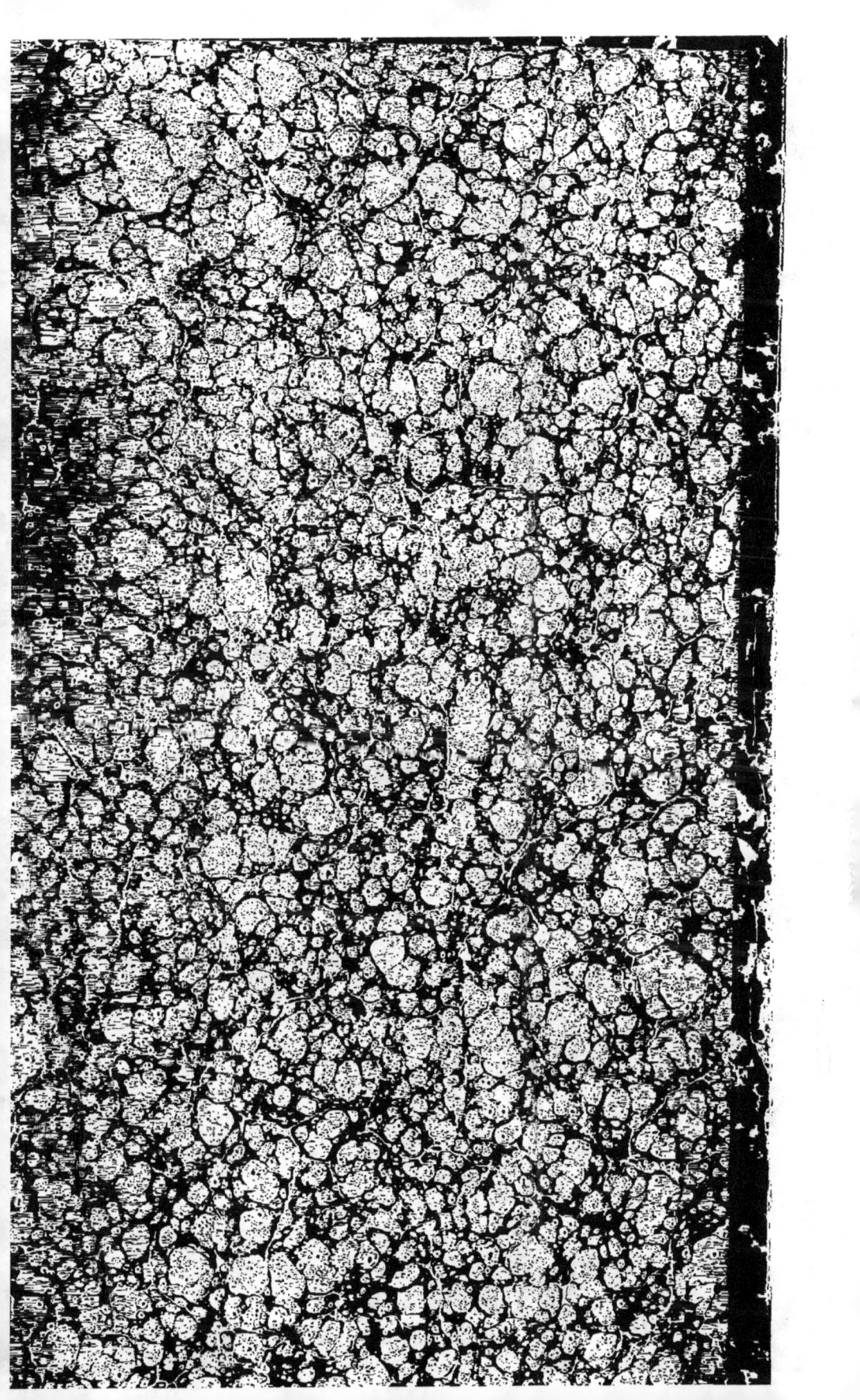

www.ingramcontent.com/pod-product-compliance
Lightning Source LLC
Chambersburg PA
CBHW061114220326
41599CB00024B/4032